高职高专立体化教材　计算机系列

C 语言程序设计(第 3 版)

李泽中　孙红艳　主　编
张智勇　张建军　高晓黎　副主编

清华大学出版社
北　京

内容简介

本书作为高职高专学生学习计算机编程的入门教材，着重讲述了计算机程序设计的基础知识、基本算法和应用编程思想，其目的在于使学生学习本书之后，能结合实际进行 C 语言应用程序设计。全书共分 10 章，系统地介绍了 C 语言的基本知识、程序结构、基本数据类型、运算符和表达式，C 语言程序设计的三种基本结构类型——顺序结构、选择结构和循环结构程序编程，数组、指针类型、结构体类型、枚举类型和用户自定义类型等在程序设计中的应用，以及 C 语言的函数应用与文件操作等内容。

本书内容翔实，层次分明，结构紧凑，叙述深入浅出，通俗易懂。可以作为高职高专及各类大专院校计算机专业的教材，也可作为计算机等级考试的参考书和其他计算机编程人员的参考书。

本书封面贴有清华大学出版社防伪标签，无标签者不得销售。
版权所有，侵权必究。举报：010-62782989，beiqinquan@tup.tsinghua.edu.cn。

图书在版编目(CIP)数据

C 语言程序设计/李泽中，孙红艳主编. —3 版. —北京：清华大学出版社，2016（2023.8重印）
（高职高专立体化教材　计算机系列）
ISBN 978-7-302-43643-0

Ⅰ. ①C… Ⅱ. ①李… ②孙… Ⅲ. ①C 语言—程序设计—高等职业教育—教材 Ⅳ. ①TP312

中国版本图书馆 CIP 数据核字(2016)第 083572 号

责任编辑：桑任松
封面设计：刘孝琼
责任校对：周剑云
责任印制：丛怀宇

出版发行：清华大学出版社
　　　　网　　址：http://www.tup.com.cn, http://www.wqbook.com
　　　　地　　址：北京清华大学学研大厦 A 座　　邮　编：100084
　　　　社 总 机：010-83470000　　　　　　　　邮　购：010-62786544
　　　　投稿与读者服务：010-62776969, c-service@tup.tsinghua.edu.cn
　　　　质量反馈：010-62772015, zhiliang@tup.tsinghua.edu.cn
　　　　课件下载：http://www.tup.com.cn, 010-62791865
印 装 者：三河市龙大印装有限公司
经　　销：全国新华书店
开　　本：185mm×260mm　　印　张：18.5　　字　数：450 千字
版　　次：2008 年 6 月第 1 版　2016 年 9 月第 3 版　印　次：2023 年 8 月第 7 次印刷
定　　价：49.00 元

产品编号：068028-02

《高职高专立体化教材计算机系列》丛书序

一、编写目的

关于立体化教材，国内外有多种说法，有的叫"立体化教材"，有的叫"一体化教材"，有的叫"多元化教材"，其目的是一样的，就是要为学校提供一种教学资源的整体解决方案，最大限度地满足教学需要，满足教育市场需求，促进教学改革。我们这里所讲的立体化教材，其内容、形式、服务都是建立在当前技术水平和条件基础上的。

立体化教材是一个"一揽子"式的，包括主教材、教师参考书、学习指导书、试题库在内的完整体系。主教材讲究的是"精品"意识，既要具备指导性和示范性，也要具有一定的适用性，喜新不厌旧。那种内容越编越多，本子越编越厚的低水平重复建设在"立体化"的世界中将被扫地出门。和以往不同，"立体化教材"中的教师参考书可不是千人一面的，教师参考书不只是提供答案和注释，而是含有与主教材配套的大量参考资料，使得老师在教学中能做到"个性化教学"。学习指导书更像一本明晰的地图册，难点、重点、学习方法一目了然。试题库或习题集则要完成对教学效果进行测试与评价的任务。这些组成部分采用不同的编写方式，把教材的精华从各个角度呈现给师生，既有重复、强调，又有交叉和补充，相互配合，形成一个教学资源有机的整体。

除了内容上的扩充，立体化教材的最大突破还在于在表现形式上走出了"书本"这一平面媒介的局限，如果说音像制品让平面书本实现了第一次"突围"，那么电子和网络技术的大量运用就让躺在书桌上的教材真正"活"了起来。用 PowerPoint 开发的电子教案不仅大大减少了教师案头备课的时间，而且也让学生的课后复习更加有的放矢。电子图书通过数字化使得教材的内容得以无限扩张，使平面教材更能发挥其提纲挈领的作用。

CAI(计算机辅助教学)课件把动画、仿真等技术引入了课堂，让课程的难点和重点一目了然，通过生动的表达方式达到深入浅出的目的。在科学指标体系控制之下的试题库既可以轻而易举地制作标准化试卷，也能让学生进行模拟实战的在线测试，提高了教学质量评价的客观性和及时性。网络课程更厉害，它使教学突破了空间和时间的限制，彻底发挥了立体化教材本身的潜力，轻轻敲击几下键盘，你就能在任何时候得到有关课程的全部信息。

最后还有资料库，它把教学资料以知识点为单位，通过文字、图形、图像、音频、视频、动画等各种形式，按科学的存储策略组织起来，大大方便了教师在备课、开发电子教案和网络课程时的教学工作。如此一来，教材就"活"了。学生和书本之间的关系不再像领导与被领导那样呆板，而是真正有了互动。教材不再只为老师们规定什么重要什么不重要，而是成为教师实现其教学理念的最佳拍档。在建设观念上，从提供和出版单一纸质教材转向提供和出版较完整的教学解决方案；在建设目标上，以最大限度满足教学要求为根本出发点；在建设方式上，不单纯以现有教材为核心，简单地配套电子音像出版物，而是以课程为核心，整合已有资源并聚拢新资源。

网络化、立体化教材的出版是我社下一阶段教材建设的重中之重，作为以计算机教材出版为龙头的清华大学出版社确立了"改变思想观念，调整工作模式，构建立体化教材体系，大幅度提高教材服务"的发展目标，并提出了首先以建设"高职高专计算机立体化教材"为重点的教材出版规划，通过邀请全国范围内的高职高专院校的优秀教师，共同策划、编写这一套高职高专立体化教材，利用网络等现代技术手段实现课程立体化教材的资源共享，解决国内教材建设工作中存在教材内容的更新滞后于学科发展的状况。把各种相互作用、相互联系的媒体和资源有机地整合起来，形成立体化教材，把教学资料以知识点为单位，通过文字、图形、图像、音频、视频、动画等各种形式，按科学的存储策略组织起来，为高职高专教学提供一整套解决方案。

二、教材特点

在编写思想上，以适应高职高专教学改革的需要为目标，以企业需求为导向，充分吸收国外经典教材及国内优秀教材的优点，结合中国高校计算机教育的教学现状，打造立体化精品教材。在内容安排上，充分体现先进性、科学性和实用性，尽可能选取最新、最实用的技术，并依照学生接受知识的一般规律，通过设计详细的可实施的项目化案例(而不仅仅是功能性的小例子)，帮助学生掌握要求的知识点。在教材形式上，利用网络等现代技术手段实现立体化的资源共享，为教材创建专门的网站，并提供题库、素材、录像、CAI课件、案例分析，实现教师和学生在更大范围内的教与学互动，及时解决教学过程中遇到的问题。

本系列教材采用案例式的教学方法，以实际应用为主，理论够用为度。教程中每一个知识点的结构模式为"案例(任务)提出→案例关键点分析→具体操作步骤→相关知识(技术)介绍(理论总结、功能介绍、方法和技巧等)"。

该系列教材将提供全方位、立体化的服务。网上提供电子教案、文字或图片素材、源代码、在线题库、模拟试卷、习题答案、案例动画演示、专题拓展、教学指导方案等。

在为教学服务方面，主要是通过教学服务专用网站在网络上为教师和学生提供交流的场所，每个学科、每门课程，甚至每本教材都建立网络上的交流环境。可以为广大教师的信息交流、学术讨论、专家咨询提供服务，也可以让教师发表对教材建设的意见，甚至实现通过网络进行授课。对学生来说，则可以在教学支撑平台所提供的自主学习空间中进行学习、答疑、作业、讨论和测试，当然也可以对教材建设提出意见。这样，在编辑、作者、专家、教师、学生之间建立起一个以课本为依据、以网络为纽带、以数据库为基础、以网站为门户的立体化教材建设与实践的体系，用快捷的信息反馈机制和优质的教学服务促进教学改革。

前　　言

随着计算机技术突飞猛进的发展，特别是计算机网络和通信技术的广泛应用和迅速普及，给各行各业带来了技术进步和发展动力。计算机已进入千家万户，成为人们工作、学习、生活、娱乐不可缺少的工具。懂不懂计算机，会不会使用计算机，已经成为衡量现代人素质的标准之一。

C 语言是目前世界上流行最广、使用最多的高级程序设计语言。本书作为高职高专学生学习 C 语言编程的入门教材，着重讲述了 C 语言程序设计的基础知识、基本算法和应用编程思想，目的在于使学生能结合社会生产实际进行应用程序设计。

全书共分为 10 章，各章的主要内容简单说明如下：第 1 章介绍 C 语言的特点、标识符和程序的基本结构；第 2 章介绍 C 语言的数据类型、运算符和表达式；第 3、4、5 章系统地介绍 C 语言的顺序结构、选择结构和循环结构三种基本结构；第 7 章系统地讲述 C 语言程序的函数编程及编译预处理；第 6、8、9 章系统地介绍 C 语言的数组、指针类型、结构体类型、枚举类型和用户自定义类型及其在编程中的基本应用；第 10 章介绍文件的概念及文件的读写。

本书由李泽中、孙红艳任主编，张智勇、张建军、高晓黎任副主编，并由李泽中统稿。其中，李泽中编写第 1、2、6、7 章及附录，孙红艳编写第 3、4、5 章，张建军编写第 8 章，张智勇编写第 9 章，高晓黎编写第 10 章。

本书内容翔实，层次分明，结构紧凑，每章均附有大量的习题，利于学生巩固和提高。同时，各章均配有大量的实验题目，可供学生上机实训使用。本书适合作为高职高专及各类大专院校计算机专业的教材，也可作为计算机等级考试和其他从事计算机编程工作人员的参考书。

由于编者水平有限，书中错误和不妥之处在所难免，恳请读者批评指正，并多提宝贵的意见。

编　者

目 录

第1章　C语言概述 1

1.1　C语言的发展 1
1.2　C语言的特点 1
1.3　C语言的符号 2
1.4　C语言程序结构 3
1.4.1　C语言程序的总体结构 3
1.4.2　函数的一般结构 4
1.4.3　源程序书写格式 5
1.5　Visual C++ 6.0 集成环境下 C 语言上机操作 6
1.5.1　上机实验操作步骤与要求 6
1.5.2　Visual C++ 6.0 系统上机操作方法 7
习题 13

第2章　数据类型、运算符和表达式 15

2.1　C语言的数据类型 15
2.2　常量与变量 16
2.2.1　常量 16
2.2.2　变量 20
2.3　变量赋初值 23
2.4　各类数值型数据间的混合运算 24
2.5　C语言的运算符和表达式 25
2.5.1　算术运算符和算术表达式 25
2.5.2　关系运算符和关系表达式 27
2.5.3　逻辑运算符和逻辑表达式 28
2.5.4　赋值运算符和赋值表达式 30
2.5.5　条件运算符和条件表达式 31
2.5.6　逗号运算符和逗号表达式 32
2.5.7　求字节数运算 32
2.5.8　位逻辑运算 33
2.5.9　位移运算和位运算赋值运算符 33
2.5.10　运算符的优先级与结合性 35
2.6　上机实训 36
习题 38

第3章　顺序结构程序设计 41

3.1　C语句概述 41
3.2　程序的三种基本结构 42
3.3　赋值语句 43
3.4　格式输入与输出 44
3.4.1　printf()函数(格式输出函数) 45
3.4.2　scanf()函数(格式输入函数) 49
3.5　字符数据的输入/输出函数 53
3.5.1　putchar 函数(字符输出函数) 53
3.5.2　getchar()函数(字符输入函数) 54
3.6　顺序结构程序设计举例 55
3.7　上机实训 58
习题 59

第4章　选择结构程序设计 62

4.1　程序流程图 62
4.2　if语句 64
4.2.1　if语句的三种格式 64
4.2.2　if语句的嵌套 68
4.3　多分支选择语句(switch 语句) 70
4.4　程序综合举例 76
4.5　上机实训 81
习题 81

第5章 循环结构程序设计 86
5.1 for 语句 86
5.1.1 for 语句的一般形式和执行过程 86
5.1.2 for 语句的各种形式 87
5.1.3 for 循环程序举例 88
5.2 while 语句 90
5.2.1 while 语句的一般形式和执行过程 90
5.2.2 使用 while 语句应注意的问题 91
5.3 do-while 语句 92
5.3.1 do-while 语句的一般形式和执行过程 92
5.3.2 使用 do-while 语句应注意的问题 93
5.4 多重循环 93
5.5 break 语句和 continue 语句 94
5.5.1 break 语句 95
5.5.2 continue 语句 95
5.6 程序综合举例 97
5.7 上机实训 100
习题 101

第6章 数组 106
6.1 一维数组 106
6.1.1 一维数组的定义 106
6.1.2 一维数组元素的引用 107
6.1.3 一维数组元素的初始化 108
6.1.4 一维数组的应用举例 109
6.2 二维数组 111
6.2.1 二维数组的定义 111
6.2.2 二维数组元素的引用 112
6.2.3 二维数组元素的初始化 112
6.2.4 二维数组的应用举例 113

6.3 字符数组 114
6.3.1 字符数组的定义 114
6.3.2 字符数组的初始化 114
6.3.3 字符数组的引用及应用举例 115
6.3.4 字符串处理函数 118
6.4 程序综合举例 120
6.5 上机实训 125
习题 125

第7章 函数及编译预处理 130
7.1 函数的定义和调用 130
7.1.1 函数的定义 130
7.1.2 函数说明与调用 131
7.1.3 函数的返回值 133
7.2 变量的作用域 134
7.2.1 局部变量 134
7.2.2 全局变量 134
7.3 变量的存储类型 137
7.3.1 静态存储方式和动态存储方式 137
7.3.2 变量的存储类型 137
7.4 函数间的数据传送 140
7.4.1 传值方式 140
7.4.2 地址复制方式 141
7.4.3 利用参数返回结果 142
7.4.4 利用函数返回值传递数据 142
7.4.5 利用全局变量传递数据 142
7.5 函数的嵌套调用和递归调用 142
7.5.1 函数嵌套调用 142
7.5.2 函数递归调用 144
7.6 内部函数和外部函数 145
7.6.1 内部函数 145
7.6.2 外部函数 146
7.7 编译预处理 146

7.7.1 宏定义.................................146
7.7.2 文件包含.............................150
7.8 程序综合举例...................................152
7.9 上机实训...160
习题...160

第8章 指针...167

8.1 地址、指针和变量...........................167
8.1.1 地址和指针的基本概念.........167
8.1.2 指针变量类型的定义.............169
8.1.3 指针变量的赋值.....................169
8.2 指针运算...171
8.2.1 指针运算符.............................171
8.2.2 指针变量的运算.....................172
8.3 指针与数组.......................................174
8.3.1 数组指针.................................174
8.3.2 字符指针.................................184
8.3.3 指针数组.................................188
8.4 函数与指针.......................................191
8.4.1 函数的指针.............................191
8.4.2 返回指针值的函数.................192
8.4.3 指向指针的指针.....................193
8.5 程序综合举例...................................195
8.6 上机实训...200
8.6.1 实训1.......................................200
8.6.2 实训2.......................................201
8.6.3 实训3.......................................202
习题...203

第9章 结构体、共用体和枚举类型......207

9.1 结构体类型.......................................207
9.1.1 结构体类型的用途.................207
9.1.2 结构体类型的构建及结构体变量的定义.........................208
9.1.3 结构体变量的使用.................211

9.1.4 结构体数组应用实例.............213
9.2 自定义类型.......................................215
9.2.1 自定义类型的定义及使用.....215
9.2.2 自定义类型编程实例.............216
9.3 结构体指针.......................................220
9.3.1 指向结构体变量的指针.........220
9.3.2 用结构体指针处理链表.........222
9.4 枚举类型...230
9.4.1 C语言枚举类型的语法规定.................................230
9.4.2 枚举类型应用实例.................233
9.5 共用体...235
9.6 程序综合举例...................................236
9.7 上机实训...239
习题...239

第10章 文件...248

10.1 文件的基本概念.............................248
10.1.1 文件.......................................248
10.1.2 文件名称...............................248
10.1.3 两种重要的文件类型...........249
10.1.4 文件的缓冲机制...................250
10.1.5 FILE指针...............................251
10.1.6 文件位置指针.......................252
10.1.7 文件结束符...........................252
10.1.8 访问文件...............................253
10.2 文件的打开与关闭.........................253
10.2.1 打开文件函数fopen()...........253
10.2.2 关闭文件函数fclose()..........255
10.3 文件的顺序读写.............................255
10.3.1 字符读写函数.......................255
10.3.2 字符串读写函数...................257
10.3.3 格式化读写函数...................259
10.3.4 数据块读写函数...................261
10.4 文件的随机读写.............................263

10.5	文件检测	266
10.6	程序综合举例	267
10.7	上机实训	270
	习题	271

附录A　ASCII 代码表 275

附录B　常用库函数 276

参考文献 286

第1章 C语言概述

【本章要点】

本章主要介绍 C 语言的发展和特点、C 语言的基本符号、C 语言程序设计中使用的标识符、C 语言程序结构,以及 Turbo C 上机操作的基本步骤。

1.1 C语言的发展

C 语言作为一种计算机高级语言,不仅具有一般高级语言的特性,而且具有低级语言的一些特征,所以它既适合编写系统程序,又适合编写应用程序,已在国际上广泛流行。

C 语言是 1972 年由美国贝尔实验室的 D.M.Ritchie 开发的,并随着 UNIX 操作系统日益广泛的使用(1973 年 K.Thompson 和 D.M.Ritchie 两人合作把 UNIX 操作系统 90%以上的代码用 C 语言改写),迅速得到推广。

后来,C 语言又被多次改进,并出现了多种版本。由于没有统一的标准,使得这些 C 语言之间出现了一些不一致。为了改变这种情况,美国国家标准化协会(ANSI)在 1983 年根据 C 语言问世以来各种版本对 C 语言的发展和扩充,制定了一套新的标准,称为 ANSI C,成为现行的 C 语言标准。

本书以 ANSI C 标准来介绍。目前,在计算机上广泛使用的 C 语言编译系统有 Microsoft C(简称 MSC)、Turbo C(简称 TC)、Borland C(简称 BC)等。虽然它们的基本部分都是相同的,但也有一些差异,所以请读者注意自己使用的 C 编译系统的特点和规则(参阅有关手册)。

本书选定的上机环境是 Win-TC / Visual C++ 6.0 集成环境。

1.2 C语言的特点

C 语言发展如此迅速,而且成为最受欢迎的计算机语言之一,主要是因为它具有强大的功能,许多著名的系统软件都是由 C 语言编写的。概括地说,C 语言同时具有汇编语言和高级语言的双重特性,其主要特点如下。

(1) C 语言是一种结构化、模块化的程序设计语言。该语言简洁、紧凑,使用方便、灵活。虽然只有 32 个关键字、9 条控制语句,却可以描述各种结构的程序。

(2) 运算符极其丰富。C 语言共有 34 种运算符,如自增(++)、自减(--)、位运算符等,从而使 C 语言的表达式类型多样化。灵活使用各种运算符,可以实现在其他高级语言中难以实现的运算。

(3) 数据结构丰富。C 语言具有现代编程语言的各种数据结构,能实现各种复杂的数据结构(如链表、树、栈等)的运算。

(4) 该语言允许直接访问物理地址，能进行位(bit)操作，能实现汇编语言的大部分功能，可以直接对硬件进行操作。

(5) 生成的目标代码质量高，程序执行效率高。一般只比汇编语言生成的目标代码效率低 10%～20%。

(6) 可移植性好(与汇编语言比较)。基本上可以不做任何修改，就能运行于各种型号的计算机和各种操作系统。

C 语言的优点虽然很多，但也有一些不足之处，如语法限制不太严格，程序设计时自由度大，源程序书写格式自由。从学习和熟练使用角度来看，C 语言较其他高级语言要难一些。但是掌握了 C 语言后，再学 C++、Java、C#语言就比较容易了。所以对有志于从事计算机工作，尤其是从事计算机编程的人而言，C 语言是必学的编程语言，而且应该认真地加以钻研。

1.3 C 语言的符号

1．C 语言的基本符号

C 语言的基本符号是 ASCII 字符集，主要包括以下几种。

- 26 个英文字母(C 语言中的大写和小写字母表示两种不同的符号)。
- 10 个阿拉伯数字(0、1、2、…、9)。
- 其他特殊符号，以运算符为主(+、-、*、/、=、%、<、> 等)。

2．标识符

C 语言程序中用到的各种元素称为标识符，主要用来表示程序中使用的变量名、数组名、函数名和其他由用户自定义的数据类型名称等，它是一种特定的字符序列。

标识符的构成和书写规则如下。

- 只能由英文字母、数字和下划线构成，长度为 1～32。
- 必须以字母或下划线开头。
- 严格区分大、小写字母，例如，NAME 和 name 是两个不同的标识符。
- 不能以关键字作为标识符。
- 由于系统内部使用了一些以下划线开头的标识符，为防止冲突，建议用户尽量避免使用以下划线开头的标识符。
- 标识符的选用应尽量做到"见名知意"，即选用有含义的英文单词或缩写，以及汉语拼音作为标识符，如 sum、name、max、year、total 等。

3．关键字

关键字又称保留字，它是 C 语言系统中定义的专用名字，共有 32 个，主要是编制 C 语言源程序时会用到的一些命令名、类型名等。根据关键字的作用，可将其分为控制语句关键字、数据类型关键字、存储类型关键字和其他关键字四类。

- 控制语句关键字(12 个)：break、case、continue、default、do、else、for、goto、if、

return、switch、while。
- 数据类型关键字(12 个)：char、enum、double、long、float、int、short、signed、struct、unsigned、union、void。
- 存储类型关键字(4 个)：auto、extern、register、static。
- 其他关键字(4 个)：const、sizeof、typedef、volatile。

【例 1.1】找出下列符号中合法的标识符。
"abc"　　so5　　Abc　　a　　b1　　file_name_buf
10page　　int　　printf　　yellow_red　　a&b　　up.to　　file name
解：合法的标识符有 so5、Abc、a、b1、file_name_buf、yellow_red。

1.4　C 语言程序结构

1.4.1　C 语言程序的总体结构

一个完整的 C 语言程序是由一个且只能有一个 main()函数(又称主函数)和若干个其他函数结合而成，或仅由一个 main()函数构成。

例如，例 1.2 中的 C 语言程序仅由一个 main()函数构成；例 1.3 中的 C 语言程序由一个 main()函数和一个其他函数 max()构成。

【例 1.2】仅由 main()函数构成的 C 语言程序。其代码如下。

```
/* 功能：从键盘上输入圆的半径 radius 的值，求圆的面积 area */
void main()
{
    float radius, area, pi=3.1415926;
    printf("Please input a radius:");
    scanf("%f", &radius);
    area = pi * radius * radius;
    printf("area=%f\n", area);
}
```

程序运行结果：

```
Please input a radius:1.5↙
area=7.69
```

【例 1.3】由一个 main()函数和一个其他函数 max()构成的 C 语言程序。其代码如下。

```
int max(int x, int y)              /* 函数 max()的功能是求两个整数中的较大值 */
{
    return (x > y ? x : y);
}

void main()                        /* 主函数 main() */
```

```
    {
        int num1, num2;
        printf("Input the first integer number:");
        scanf("%d", &num1);
        printf("Input the second integer number:");
        scanf("%d", &num2);
        printf("max = %d\n", max(num1, num2));
    }
```

程序运行情况:

```
Input the first integer number:6 ✓
Input the second integer number:9 ✓
max = 9
```

通过上述两个例子,我们可以看到 C 语言程序结构的特点如下。

- 函数是 C 语言程序的基本单位,所有的 C 语言程序都是由一个 main()函数或一个 main()函数与多个其他函数构成的。main()函数的作用相当于其他高级语言中的主程序;其他函数的作用相当于子程序。
- 函数一般包括数据定义部分和执行部分。数据定义部分(也称声明部分)用于定义程序用到的所有变量的名字、变量的类型,并可以对变量指定初值。执行部分用于完成程序所规定的各项操作。
- C 语言程序总是从 main()函数开始执行。一个 C 语言程序总是从 main()函数开始执行,而不论其在程序中的位置如何。主函数执行完毕,亦即程序执行完毕。习惯上将主函数 main()放在最前头。

1.4.2 函数的一般结构

任何函数(包括主函数 main())都是由函数说明和函数体两部分组成的。其一般结构如下。

```
[函数类型] 函数名(函数参数表)         /* 函数说明部分 */
{
    说明语句部分;
    执行语句部分;                     /* 函数体部分 */
}
```

1. 语法符号约定

本书使用的语法符号约定如下。

- [...]: 方括号表示可选(既可以指定,也可以缺省)。
- ...: 省略号表示前面的项可以重复。
- |: 表示两侧的项必选其一。

2. 函数说明

由函数类型(可缺省)、函数名和函数参数表三部分组成，其中函数参数表的格式如下：

数据类型　参数 1[，数据类型　参数 2 ...]

> **注意**：在旧标准中，函数可以缺省参数表。但在新标准中，函数不可缺省参数表；如果不需要参数，则用 void 表示。

3. 函数体

大括号(必须配对使用)内的说明语句部分和执行语句部分为函数体。

1) 说明语句部分

说明语句部分由变量定义、自定义类型定义、自定义函数说明、外部变量说明等部分组成，其中变量定义是主要的。在第 8 章还会看到，在说明部分要对所调用的函数进行说明。

例如，例 1.3 中 main()函数体中的"int num1, num2;"语句，定义了两个整型变量 num1 和 num2。

2) 执行语句部分

执行语句部分一般由若干条执行语句构成。例如，在例 1.3 的 main()函数体中，除变量定义语句"int num1, num2;"外，其余 5 条语句构成该函数的执行语句部分。有关函数的详细内容，将在第 7 章介绍。

> **注意**：① 函数体中的说明语句，必须在所有可执行语句之前。换句话说，说明语句不能与可执行语句交织在一起。
> 下面程序中，变量定义语句"int max;"的位置是非法的：
> ```
> void main()
> {
>     int x, y;              /* 变量定义语句：定义两个整型变量 x、y */
>     x = 3;                 /* 可执行的赋值语句：将 3 赋值给变量 x */
>     y = 6;                 /* 可执行的赋值语句：将 6 赋值给变量 y */
>     int max;               /* 变量定义语句出现在可执行语句后，非法！ */
>     max = x>y ? x : y;
>     printf("max = %d\n", max);
> }
> ```
> 解决办法很简单，请读者自己思考。
> ② 如果不需要使用变量，也可以缺省说明语句。

1.4.3 源程序书写格式

所有语句都必须以分号";"结束，函数的最后一个语句也不例外。

程序行的书写格式自由，既允许一行内写几条语句，也允许一条语句分成几行书写。例如，例 1.3 的主函数 main()也可改写成如下所示的格式。

```
main()
{
    int num1, num2;
    printf("Input the first integer number:"); scanf("%d", &num1);
    /* 将第 4、第 5 两行合并成一行 */

    printf("Input the second integer number:"); scanf("%d", &num2);
    /* 将第 6、第 7 行也合并成一行 */

    printf("max=%d\n", max(num1, num2));
}
```

如果某条语句很长,一般需要将其分成几行书写。

一个高质量的程序,其源程序都应加上必要的注释,以增强程序的可读性。C 语言的注释格式为 /* …*/,注意:

- 这里"/*"和"*/"必须成对使用,且"/"和"*"以及"*"和"/"之间不能有空格,否则都会出错。
- 注释可以单占一行,也可以跟在语句的后面。如果一行写不下,可另起一行继续写。
- 注释中允许使用汉字。在非中文操作系统下,看到的是一串乱码,但不影响程序执行。

1.5 Visual C++ 6.0 集成环境下 C 语言上机操作

1.5.1 上机实验操作步骤与要求

1. 操作步骤

上机实验是学习程序设计必不可少的实践环节,特别是 C 语言灵活、简洁、语法检查不太严格,更需要通过大量的上机实践来检查和验证自己编制的程序是否正确,以加深对 C 语言的理解和提高编程开发能力。

在进行 C 语言编程上机实践时,必须先在计算机中安装和配置相应的操作环境(主要是 C 语言编译程序软件),通过对源程序的编辑、编译、连接与运行,才能分析和检查程序结果是否正确,达到学好 C 语言程序设计的目的。C 语言上机操作步骤如图 1.1 所示。

下面以 Win-TC 集成环境为例介绍 C 语言上机操作步骤。

(1) 启动 Win-TC,进入 Win-TC 集成环境。

(2) 编辑(或修改)源程序。在编辑状态下输入和修改源程序,保存后得到后缀为.c 的源程序文件。

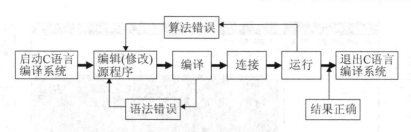

图 1.1　C 语言上机操作步骤示意图

　　(3) 编译。对源程序进行编译，得到目标程序，其后缀为.obj。如果编译成功，则可进行下一步操作；否则，根据系统的错误提示，返回步骤(2)进行相应的修改，直至编译成功。

　　(4) 连接。将目标程序与系统提供的库函数等连接，得到可执行的程序文件，其后缀为.exe。如果连接成功，则可以运行程序；否则，根据系统的错误提示，进行相应的修改，直至连接成功。在 Win-TC 中，编译与连接这两个步骤是集成一次完成的。

　　(5) 运行。通过观察程序的运行结果，验证程序的正确性。如果出现逻辑错误或算法错误，都必须返回步骤(2)修改源程序，再重新编译、连接和运行，直至程序正确为止。

　　(6) 退出 Win-TC 集成环境，结束本次程序的运行。

　　本书将介绍 Win-TC 集成环境和 Visual C++ 6.0 集成环境下上机操作的方法。

2．实验要求

　　(1) 上机前必须做好准备，编写好源程序并仔细检查无误后，准备好多组测试程序所需数据和预期的正确结果，才能上机调试。

　　(2) 上机输入和编辑 C 语言源程序，并对源程序进行编译、连接、调试运行，直至程序结果正确为止。

　　(3) 整理上机实验结果，写出实验报告，报告内容应包括以下内容。

- 实验名称。
- 实验时间、地点。
- 实验目的要求。
- 具体实验操作步骤(源程序、流程图等)。
- 实验结果(原始数据、相应的运行结果和必要的说明)。
- 实验小结(实验过程中的体会和经验教训的分析与思考等)。

1.5.2　Visual C++ 6.0 系统上机操作方法

1．Visual C++ 6.0 集成开发环境简介

　　Visual C++是微软推出的目前使用极为广泛的视窗平台下的可视化软件开发环境。在视窗操作系统(Windows XP/NT)下正确安装 Visual C++ 6.0 之后，可以通过单击任务栏中的"开始"按钮，选择"程序"中的 Microsoft Visual Studio 6.0 命令，然后再选择 Microsoft Visual C++ 6.0 菜单命令来启动运行 Visual C++ 6.0，进入 Visual C++ 6.0 主窗口，如图 1.2 所示。

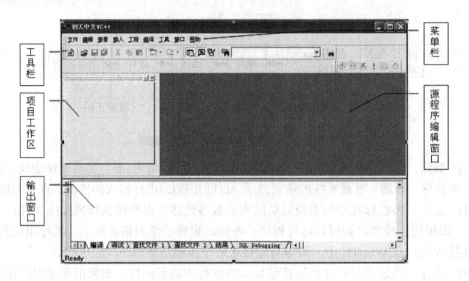

图 1.2　Visual C++ 6.0 主窗口

主窗口界面由菜单栏、工具栏、项目工作区、源程序编辑窗口及输出窗口等构成。
- 菜单栏：几乎包含 Visual C++ 6.0 集成环境中的所有命令，为用户提供了文档操作、程序编辑、程序编译、程序调试、窗口操作等一系列软件开发功能。
- 工具栏：工具栏上安排了系统中常用菜单命令的图形按钮，为用户提供了更方便的操作方式。
- 项目工作区：项目工作区中包含用户项目的有关信息，包括类、项目文件以及项目资源等。
- 源程序编辑窗口：程序代码的源文件、资源文件以及其他各种文档文件等都可以在文档窗口中显示并在其中进行编辑。
- 输出窗口：输出窗口一般在开发环境窗口的底部，包括编译和连接、调试、在文件中查找(Find in Files)等各种软件开发步骤中相关信息的输出，输出信息以多页面的形式显示在输出窗口中。

2．使用 Visual C++ 6.0 集成环境开发 C 程序

每次启动 Visual C++ 6.0 后，在主窗口中编写或打开第一个 C 程序与编写或打开第二个 C 程序的方法稍有不同，下面分别介绍不同情况下开发 C 程序的基本方法。

1) 新建(输入)并运行第一个 C 程序

(1) 启动 Visual C++ 6.0，进入如图 1.2 所示的 Visual C++ 6.0 主窗口。

(2) 选择"文件"→"新建"命令，系统弹出"新建"对话框，如图 1.3 所示。

(3) 在"新建"对话框中切换到"文件"选项卡，在列表框中选中应用程序类型(C++ Source File)，如图 1.3 所示。

(4) 在"新建"对话框的"文件"文本框中输入要建立的应用程序的名字(如图 1.3 中的 ex1-3.cpp)，在"C目录"文本框中输入或通过其旁边的浏览按钮选择存放应用程序的文件夹(E:\VCP)，然后单击"确定"按钮，进入集成环境源程序编辑器，如图 1.4 所示。

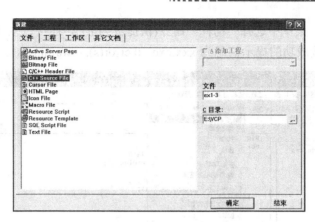

图 1.3 "新建"对话框

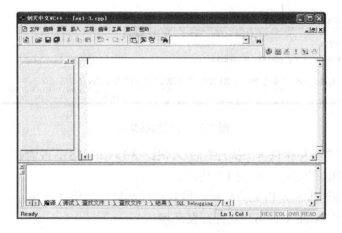

图 1.4 源程序编辑器

(5) 在编辑器中输入、编辑源程序代码并保存。

(6) 在"编译"菜单中选择"编译"命令(快捷键为 Ctrl+F7),如图 1.5 所示。若编译中发现错误,错误信息在输出窗口中显示,根据错误信息提示对程序修改再重新编译。编译成功时提示信息为 xxx.obj - 0 error(s), 0 warning(s)。

图 1.5 编译源程序

(7) 在"编译"菜单中选择"构件"命令(快捷键为F7),连接以生成相应的执行文件,如图1.6所示。连接成功的提示信息为 xxx.exe - 0 error(s), 0 warning(s)。

图1.6 连接目标文件

(8) 在"编译"菜单中选择"执行"命令(快捷键为Ctrl+F5),或者在工具栏上单击"运行"按钮来运行相应的程序,如图1.7所示。

根据应用程序要求输入相关的数据,得到运行结果,如图1.8所示,在程序执行完成后,按任意键返回Visual C++ 6.0软件开发环境。

图1.7 运行应用程序

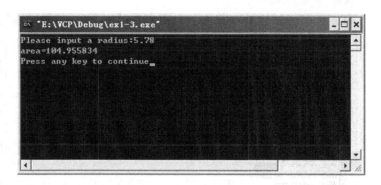

图 1.8　C 程序运行的结果

程序运行结果正确无误后，选择"文件"→"关闭工作区"命令，结束上机操作，然后可以开始输入新的源程序，重复(5)至(7)步，完成其他题目的上机操作。

2)　打开(编辑)并运行第一个 C 语言源程序

(1)　启动 Visual C++ 6.0，进入如图 1.2 所示的 Visual C++ 6.0 主窗口。

(2)　选择"文件"→"打开"命令，系统弹出"打开"对话框，在对话框中选取源文件并打开；此后的各个步骤与"新建(输入)并运行第一个 C 程序"中的第(5)至(7)步相同，此处不再赘述。

3)　处理非第一个 C 程序

所谓处理"非第一个 C 程序"指的是当在集成环境中处理完第一个 C 程序后，在不关闭集成环境的情况下继续处理(新建或打开)后续的 C 程序。在 Visual C++ 6.0 中处理 C 程序时要用到工作区概念，工作区环境中包含系统为了处理当前 C 程序而需要的所有信息。每一个独立的 C 程序都需要在自己的工作区中处理，所以每当要处理下一个 C 程序时，都必须关闭处理上一个 C 程序时的工作区，否则会出现"error LNK2005: _main already defined in e0112.obj(主函数已经存在)"等错误。

所以，当第一个 C 程序运行结束，且结果正确无误后，应选择"文件"→"关闭工作区"命令，结束该题的上机操作，然后再开始输入新的源程序，重复"新建(输入)并运行第一个 C 程序"中的(5)至(7)步，完成非第一个 C 程序的上机操作。

4)　打开(编辑)并运行多个 C 程序

在 Visual C++ 6.0 中，要运行多个相关联的 C 语言源程序，必须先建立一个项目或工程(Project)，然后再创建工程中所包含的多个源程序文件。一个工程(Project)是由应用程序中需要的所有源文件组成的一个有机整体，被置于项目工作区(Workspace)的管理之下。

其操作步骤如下。

(1)　启动 Visual C++ 6.0，进入 Visual C++ 6.0 主窗口。

(2)　选择"文件"→"新建"命令。

(3)　在"新建"对话框中单击"工程"标签，选择 Win32 Console Application 选项，在右侧的"工程"文本框中输入项目名，并选择好存放位置和选中"创建新工作区"单选按钮，根据提示单击"完成"和"确定"按钮(如图 1.9 所示)，然后再按下列方法在新建工程中创建相应的多个源程序文件。

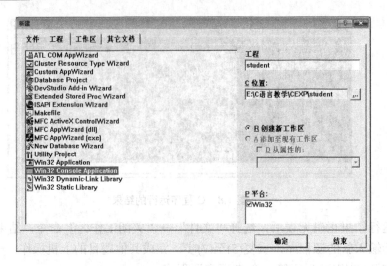

图 1.9　新建工程

(4) 建立多个相关联的源程序文件。

按照上述方法建立好工程后,再创建工程中包含的相关的多个源程序文件,有以下两种方法。

方法一:新建并输入多个相关源程序文件。

在主窗口中选择"文件"→"新建"命令;在"新建"对话框中切换到"文件"选项卡,然后选择 C++ Source File 选项,在右侧的"文件"文本框中输入文件名(如 file1.cpp,默认为.cpp),然后单击"确定"按钮,如图 1.8 所示。在编辑窗口中输入源程序并存盘。通过该方法可重复输入工程项目相关联的多个源程序文件。

方法二:装入已编辑好的多个源程序文件。

在主窗口中选择"工程"→"添加工程"→Files 命令,然后找到需要装入的源程序文件装入,反复多次重复该方法装入工程项目相关联的多个源程序文件,如图 1.10 所示。

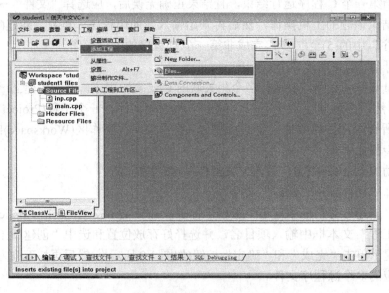

图 1.10　在新建工程中添加文件

(5) 编译、连接、执行。

在主窗口下分别对项目工作区中的各个源程序文件进行"编译",编译通过后,再进行构建工程和执行工程即可。

(6) 关闭和打开工程文件。

关闭工程文件:选择"文件"→"关闭工作区"命令,在集成环境系统出现的提示对话框中单击"是"按钮。

打开工程文件:对创建的工程项目重新编辑修改时,可直接打开它,方法是在主窗口中选择"文件"→"打开工作区"命令,选择工程项目工作区文件(扩展名为.dsw)即可。切换至 File View(文件视图)下,即可对文件进行编辑、保存、重新编译和执行。

3．其他 C 语言集成环境简介

由于目前个人计算机普遍应用的是 Windows 7 以上操作系统,而 Visual C++ 6.0 集成开发环境在 Windows 7 以上的环境中安装后可能存在不兼容问题,但是目前全国的计算机二级 C 语言等级考试要求仍用 Visual C++ 6.0 集成开发环境,所以本教材仍选用 Visual C++ 6.0 作为 C 语言的调试环境。在 Windows 7、Windows 8 或更高版本的操作系统下,能支持 C 语言程序编译的软件系统较多,常见的有 C-Free、CodeBlocks、Visual Studio 2013、VC2013、VS2013、dev-cpp 等,读者可根据需要安装。对于初学者来说,最好使用 C-Free、dev-cpp、CodeBlocks、Visual C++等小型 C 语言编译系统。

习　　题

一、填空题

(1) C 语言符号集包括_____。

(2) 一个 C 程序有且仅有一个_____函数。

(3) 一个 C 程序有_____个 main()函数和_____个其他函数。

(4) C 语言程序是从_____开始执行的。

(5) C 语言程序的语句分隔符是_____。

二、单项选择题

(1) 以下不是 C 语言特点的是(　　)。
　　A．C 语言简洁、紧凑　　　　　　　　B．能够编制出功能复杂的程序
　　C．C 语言可以直接对硬件进行操作　　D．C 语言移植性好

(2) 以下不正确的 C 语言标识符是(　　)。
　　A．ABC　　　B．abc　　　C．a_bc　　　D．ab.c

(3) 以下正确的 C 语言标识符是(　　)。
　　A．%x　　　B．a+b　　　C．a123　　　D．test!

(4) 一个C程序的执行是从( )。

  A. main()函数开始,直到main()函数结束

  B. 第一个函数开始,直到最后一个函数结束

  C. 第一个语句开始,直到最后一个语句结束

  D. main()函数开始,直到最后一个函数结束

(5) 在C程序中,main()的位置( )。

  A. 必须作为第一个函数   B. 必须作为最后一个函数

  C. 可以任意   D. 必须放在它所调用的函数之后

(6) 一个C程序由( )。

  A. 一个主程序和若干个子程序组成   B. 一个或多个函数组成

  C. 若干过程组成   D. 若干子程序组成

(7) C语言源程序的基本单位是( )。

  A. 过程   B. 函数   C. 子程序   D. 标识符

三、编程题

(1) 参照本章例题编写C语言程序,从键盘上输入圆的半径,求圆的周长和该半径所构成的球体体积。

(2) 编写一个C程序,输入45、21、60三个数,输出其中的最大者。

第 2 章 数据类型、运算符和表达式

【本章要点】

本章主要介绍 C 语言的变量和常量的基本概念；各种数据类型的定义；变量赋值和初始化的方法；基本运算符的运算规则、优先级和表达式。本章内容是学习 C 语言程序设计最基础的部分，通过本章的学习，学生应当能定义各种数据类型，根据要求运用运算符建立一般表达式和编写简单程序。

2.1 C 语言的数据类型

数据类型是指数据在计算机内存中的表现形式，也可以说是数据在程序运行过程中的特征。C 语言的数据类型分类如图 2.1 所示。

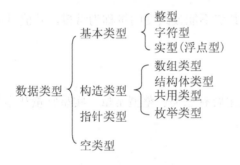

图 2.1 C 语言的数据类型分类

(1) 基本类型：包含整型、实型(又称浮点型)和字符型三种。

(2) 构造类型：包含数组类型、结构体类型、联合类型(即共用类型)和枚举类型四种。数组类型将在第 6 章介绍，结构体类型、枚举类型和联合类型将在第 9 章介绍。

(3) 指针类型：指针是一种特殊的，同时又是具有重要作用的数据类型。其值用来表示某个变量在内存中的地址。指针类型将在第 8 章介绍。

(4) 空类型：空类型 void 用来声明函数的返回值类型为空(即不需要函数的返回值)。空类型将在第 7 章介绍。

C 语言中的数据，有常量和变量之分，它们都具有上述这些类型。

本章将介绍基本类型中的整型、实型和字符型三种数据。

整型有基本整型、短整型、长整型、无符号整型、无符号短整型、无符号长整型；实型有单精度实型和双精度实型。以上数据的类型关键字以及在 Visual C++ 6.0 环境中占用的字节数和取值范围如表 2.1 所示。

表 2.1　Visual C++ 6.0 基本类型的长度和取值范围

类型关键字	长度/节数	取值范围	说　明
int	2	−32 768～32 767	有符号基本整型
unsigned	2	0～65 535	无符号基本整型
short	2	−32 768～32 767	有符号短整型
unsigned short	2	0～65 535	无符号短整型
long	4	−2 147 483 648～2 147 483 647	有符号长整型
unsigned long	4	0～4 294 967 295	无符号长整型
float	4	-3.4×10^{38}～3.4×10^{38}	单精度实型
double	8	1.7×10^{308}～1.7×10^{308}	双精度实型
char	1	0～255	字符型

2.2　常量与变量

在程序运行过程中，其值不能被改变的量称为常量，其值可以改变的量称为变量。

2.2.1　常量

C 语言中常用的常量主要有三类：整型常量、实型常量和字符型常量，另外还有以标识符形式出现的符号常量。

1．整型常量

整型常量即整型数，在 C 语言中有以下三种不同的表示形式。

- 十进制整数：由数字 1～9 开头，其余各位由 0～9 组成。如 123、−789、0 等。
- 八进制整数：由数字 0 开头，其余各位由 0～7 组成。在书写时要加前缀 "0"（零）。如 012，表示八进制数 12。
- 十六进制整数：由数字 0x 或 0X 开头，其余各位由 0～9 与字母 a～f(0X 开头为 A～F)组成。在书写时要加前缀 "0x" 或 "0X"。如 0x36 代表十六进制数 36。

注意：① 在 C 语言中，10、010、0x10 是 3 个数值完全不同的整数，它们的十进制数分别是 10、8 和 16。
② 整型数可分为长整型数(Long Int)、短整型数(Short Int)和无符号整型数(Unsigned Int)等若干种。长整型数在写法上要加一个后缀 "L"，如 123L、0123L、0x123abL 等为长整型数。
③ 整型数又可以是正数和负数，即分别在数值的前面加正号或负号，正号一般可以省略。如下面是不同进位制数的正数和负数：123、−123、0123、−0123、0x789、−0x789。

虽然数有不同的进位制表示法，但同值的数在计算机中的内部表示是一样的，即 16、

020、0x10在计算机中的内部表示都相同。

2．实型常量

实型常量即实数，在C语言中又称浮点数。实数有以下两种表现形式。

(1) 十进制实数：由数字和小数点组成(注意必须加小数点)，如0.149、123.0。

(2) 指数形式：用带指数记数法来表示，如123E2或123e2都代表$123×10^2$。但注意字母E(或e)之前必须有数字，且E后面的指数必须为整数，如E3、2.1e3.5、.e3、e都是错误的。

3．字符型常量

字符型常量包括字符常量、字符串常量和转义字符三种。

1) 字符常量

字符常量是用一对单引号括起来的单个字符，如'A'、'a'、'X'、'?'、'$'等都是字符常量。注意单引号是定界符，不是字符常量的一部分。

在C语言中，字符常量等同于数值，字符常量的值就是该字符的ASCII码值，因此可以与数值一样在程序中参加运算。例如，字符'A'的数值为十进制数65。

2) 字符串常量

字符串常量是用一对双引号括起来的字符序列，如"abc"、"CHINA"、"yes"、"1234"、"How do you do."等都是字符串常量。

注意双引号仅为其定界符，并不是字符串常量的一部分。

字符串中字符的个数称为字符串长度。长度为0的字符串(即一个字符都没有的字符串)称为空串，表示为""(仅有一对紧连的双引号)。

例如，"How do you do."、"Good morning."等都是字符串常量，其长度分别为14和13(空格也是一个字符)。

C语言规定：在存储字符串常量时，由系统在字符串的末尾自动添加一个'\0'，作为字符串的结束标志。

例如，有一个字符串为"CHINA"，则它在内存中实际存储为：

| C | H | I | N | A | \0 | … |

最后一个字符'\0'是系统自动加上的，它占用6个字节而非5个字节的内存空间。

> **注意**：字符常量与字符串常量的区别。例如，字符常量'A'与字符串常量"A"的不同点表现在以下三个方面。
> ① 定界符不同：字符常量使用单引号；而字符串常量使用双引号。
> ② 长度不同：字符常量的长度固定为1；而字符串常量的长度可以是0，也可以是某个整数。
> ③ 存储要求不同：字符常量存储的是字符的ASCII码值；而字符串常量除了要存储有效的字符外，还要存储一个结束标志'\0'。

在C语言中，没有专门的字符串变量，字符串常量如果需要存储在变量中，要用字符数组来解决。详细内容将在第 6 章介绍。

3) 转义字符

转义字符是 C 语言中单字符常量的一种特殊的表现形式，通常用来表示键盘上的控制代码和某些用于功能定义的特殊符号，如回车换行符、换页符等。其形式为反斜杠"\"后面跟一个字符或一个数值。例如，'\n'为换行，'\101'和'\x41'都表示字符'A'。

常见的转义字符如表 2.2 所示。

表 2.2 常见的转义字符

转义字符	表示的含义
\\	将\转义为字符常量中的有效字符(\字符)
\'	单引号字符
\"	双引号字符
\n	换行，将当前位置移到下一行开头
\t	横向跳格，横向跳到下一个输出区
\r	回车，将当前位置移到本行开头
\f	走纸换页，将当前位置移到下页开头
\b	退格，将当前位置移到前一列
\v	竖向跳格
\ddd	1 到 3 位八进制数所代表的字符
\xhh	1 到 2 位十六进制数所代表的字符

【例 2.1】转义字符的使用。代码如下：

```
#include <stdio.h>
void main()
{
    printf("□ab□c\t□de\rf\tg\n");        /* □表示一个空格 */
    printf("h\ti\b\bj□k");
}
```

程序运行后在显示屏上的输出结果如下：

f□□□□□□□gde
h□□□□□j□k

分析：第一个 printf 函数先在第一行左端开始输出"□ab□c"，然后遇到"\t"，它的作用是"跳格"，即跳到下一个"制表位置"，在我们所用的系统中，一个"制表区"占 8 列。"下一制表位置"从第 9 列开始，故在第 9～11 列上输出"□de"。下面遇到"\r"，它代表"回车"(不换行)，返回到本行最左端(第 1 列)，输出字符"f"，然后遇"\t"再使当前输出位置移到第 9 列，输出"g"。下面是"\n"，其作用是"使当前位置移到下一行的开头"。为什么开始输出的"□ab□c"没有了？这是由于"\r"使当前位置回到本行开头，自此输出的字符(包括空格和跳格所经过的位置)将取代原来屏幕上该位置上显示的字符，所以原有的"□ab□c□□□"被新的字符"f□□□□□□g"代替，其后的"de"

未被新字符取代。

第二个 printf 函数先在第一列输出字符"h",后面的"\t"使当前位置跳到第 9 列,输出字母"i",此时已输出"h□□□□□□□i"。然后当前位置移到下一列(第 10 列)准备输出下一个字符。下面遇到两个"\b","\b"的作用是"退一格",因此"\b\b"的作用是使当前位置回退到第 8 列,接着输出字符"j□k",j 后面的"□"将原有的字符"i"取代,因此屏幕上看不到"i"。

实际上,屏幕上完全按程序要求输出了全部的字符,只是因为在输出前面的字符后很快又输出后面的字符,在人们还未看清楚之前,新的已取代了旧的,所以误以为未输出应该输出的字符。若在打印机上输出,则结果如下。

  f ab□c□□□gde
  h □□□□□□jik

在打印机上输出不像显示屏那样会"抹掉"原字符,而是留下了不可磨灭的痕迹,能真正反映输出的过程和结果。

4. 符号常量

在 C 语言中,常量可以用符号来代替。

【例 2.2】符号常量的使用。代码如下:

```
/*程序功能:计算圆的面积*/
#include <stdio.h>
#define PI 3.1415926
void main()
{
    float r, s;
    r = 5.0;
    s = PI * r * r;
    printf("Area is %f", s);
}
```

程序中用#define 命令行定义 PI 代表常量 3.141 592 6,此后凡在该程序中出现的 PI 都代表 3.141 592 6,可以与常量一样进行运算,程序运行结果如下:

```
Area is 78.539815
```

这种用一个标识符代表一个常量的称为符号常量,即标识符形式的常量。习惯上,符号常量名用大写,变量名用小写,以示区别。

注意: 使用符号常量的好处如下。

  ① 含义清楚。如例 2.2 中,看程序时从 PI 就可以知道它代表圆周率。因此定义符号常量名时应考虑"见名知意"。

  ② 在需要改变一个常量时能做到"一改全改"。例如,若程序中多处用到圆周率,如果用常数表示,则在调整圆周率的小数位数时,就需要在程序中作多处修改,若用符号常量 PI 代表圆周率,只需改动一处即可。如:

```
#define PI 3.1416
```
这样在程序中所有以 PI 代表的数值就会一律自动改为 3.1416。

③ 符号常量不同于变量，它的值在其作用域(在本例中为主函数)内不能改变，也不能再被赋值。如再用以下赋值语句给 PI 赋值是错误的。

```
PI = 3.14;
```

有关#define 命令行的详细用法参见第 8 章。

2.2.2 变量

在程序运行过程中其值可以改变的量称为变量。变量要有变量名，在内存中占有一定的存储单元，存储单元里存放的是该变量的值。所以每个变量必须具有以下两个要素。

(1) 变量名：每个变量都必须有一个名字——变量名，变量命名遵循标识符命名规则。定义变量名时应考虑"见名知意"，例如 max 表示求最大值，sum 表示求和。

(2) 变量值：在程序运行过程中，变量值存储在内存中，不同类型的变量占用的内存单元(字节)数不同。在程序中，通过变量名来引用变量的值。

一个变量在内存中占据一定的存储单元，在该存储单元中存放变量的值，如图 2.2 所示。变量名实际上是一个符号地址，在对程序编译连接时由系统给每一个变量名分配一个内存地址。在程序中从变量中取值，实际上是通过变量名找到相应的内存地址，从其存储单元中读取数据。

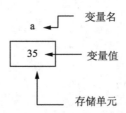

图 2.2 变量与变量名

C 语言中常用的变量主要有以下三种。

1. 整型变量

1) 整型变量的分类

根据占用内存字节数的不同，整型变量分为四类：基本整型(类型关键字为 int)、短整型(类型关键字为 short [int])、长整型(类型关键字为 long [int])和无符号整型。其中无符号整型又分为无符号基本整型(用 unsigned [int]表示)、无符号短整型(用 unsigned short 表示)和无符号长整型(用 unsigned long 表示)三种，只能用来存储无符号整数。

2) 整型变量在内存中占用的内存字节数与值域

各种类型的整型变量占用的内存字节数随系统而异。在 16 位操作系统中(例如 DOS 系统下使用的 Turbo C)，一般用 2 个字节表示一个 int 型变量；在 32 位操作系统中，默认为

4 个字节。

C 语言标准没有具体规定以上各类数据所占内存字节数，只要求 long 型≥int 型≥short 型。

显然，不同类型的整型变量其值域不同。占用内存字节数为 n 的(有符号)整型变量，其值域为 $-2^{n\times8-1}\sim(2^{n\times8-1}-1)$；无符号整型变量的值域为 $0\sim(2^{n\times8}-1)$。

例如，在 DOS 系统下使用的 Turbo C 系统中的一个 int 型变量，在内存中占用内存字节数为 2，其值域为 $-2^{2\times8}\sim(2^{2\times8-1}-1)$，即 $-2^{15}\sim2^{15}-1$，十进制数为 $-32\,768\sim32\,767$；一个 unsigned 型变量的值域为 $0\sim(2^{2\times8}-1)$，即 $0\sim65\,535$。如图 2.3 所示，其中图 2.3(a)表示有符号整型变量 a 的最大值(32 767)，图 2.3(b)表示无符号整型变量 b 的最大值(65 535)。

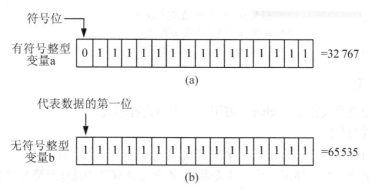

图 2.3　整型量的最大值

3) 整型变量的定义

C 语言程序设计中所有用到的变量都必须在程序中先定义，即类型定义或类型说明，也就是"先定义，后使用"。例如：

```
int a, b;              /* 定义变量 a、b 为整型 */
unsigned short c, d;   /* 定义变量 c、d 为无符号短整型 */
long e, f;             /* 定义变量 e、f 为长整型 */
```

对变量的定义，一般是放在一个函数的开头的声明部分(也可以放在函数中某一分程序内，但作用域只限它所在的分程序，这将在第 7 章介绍)。

【例 2.3】整型变量的定义与使用。代码如下：

```
#include <stdio.h>
void main()
{
    int a, b, c, d;          /* 定义 a、b、c、d 为整型变量 */
    unsigned u;              /* 定义 u 为无符号整型变量 */
    a = 12; b = -24; u = 10;
    c = a + u; d = b + u;
    printf("a + u = %d, b + u = %d\n", c, d);
}
```

运行结果如下：

```
a + u = 22, b + u = -14
```

不同种类的整型数据可以进行算术运算，在本例中是 int 型数据与 unsigned int 型数据进行相加相减运算。

2. 实型变量

C 语言中的实型变量分为以下两种。
- 单精度型：类型关键字为 float，一般占 4 个字节(32 位)，提供 7 位有效数字。
- 双精度型：类型关键字为 double，一般占 8 个字节，提供 15 位有效数字。

每一个实型变量在使用前都应先定义。例如：

```
float x, y;           /* 定义 x、y 为单精度实数 */
double b;             /* 定义 b 为双精度实数 */
long double c;        /* 定义 c 为长双精度实数 */
```

3. 字符变量

字符变量的类型关键字为 char，占用一个字节内存单元。

1) 变量值的存储

字符变量用来存储字符常量，一个字符变量只能存储一个字符常量，一个字符变量在内存中占一个字节。在存储时，实际上是将该字符的 ASCII 码值(无符号整数)存储到内存单元中。

例如：

```
char ch1, ch2;                    /* 定义两个字符变量 ch1、ch2 */
ch1 = 'a'; ch2 = 'b';             /* 给字符变量赋值 */
```

小写字母 a、b 的 ASCII 码值分别为 97、98，在内存中字符变量 ch1、ch2 的值分别是 01100001、01100010，如图 2.4 所示。

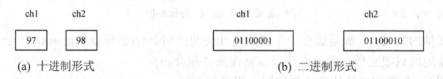

图 2.4 字符变量在内存中的存储

2) 特性

字符数据在内存中存储的是字符的 ASCII 码，即一个无符号整数，其形式与整数的存储形式一样，所以 C 语言允许字符型数据与整型数据通用。

(1) 一个字符型数据既可以以字符形式输出，也可以以整数形式输出。

【例 2.4】字符变量的字符形式输出和整数形式输出。代码如下：

```
#include <stdio.h>
void main()
{
    char ch1, ch2;
```

```
    ch = 'a'; ch2 = 'b';
    printf("ch1=%c, ch2=%c\n", ch1, ch2);      /* 字符形式输出 */
    printf("ch1= %d, ch2 = %d\n", ch1, ch2);   /* 整数形式输出 */
}
```

程序运行结果如下:

```
ch1=a, ch2=b
ch1= 97, ch2 = 98
```

注意:字符数据占一个字节,它只能存放 0~255 范围内的整数。

(2) 允许对字符数据进行算术运算,也就是对它们的 ASCII 码值进行算术运算。

【例 2.5】字符数据的算术运算。代码如下:

```
#include <stdio.h>
void main()
{
    char ch1, ch2;
    ch1 = 'a'; ch2 = 'B';
    printf("ch1=%c, ch2=%c\n", ch1-32, ch2+32);  /* 字母的大小写转换 */
}
```

程序的运行结果为:

```
ch1=A, ch2=b
```

2.3 变量赋初值

在程序中常需要对一些变量预先赋初值,对变量赋初值又称为变量的初始化,有以下两种方法。

(1) 先定义一个变量,然后再给它赋一个值,例如:

```
int a;
a = 8;
```

(2) 在定义变量的同时就对变量进行初始化,例如:

```
char ch = 'a';
float b = 2.345;
int x, y=3;          /* 部分变量赋初值,即对 y 赋初值 3 */
```

【例 2.6】变量赋初值。代码如下:

```
#include "stdio.h"
void main()
{
    int x, y=3;
    char ch;
```

```
        ch = 'a';
        printf("%d %d %c", x, y, ch);
}
```

运行结果如下：

```
251  3  a
```

在例 2.6 中，y、ch 都赋了初值，而 x 没有进行初始化，它的值是不定的，如这次值为 251，下次可能是其他的结果。

2.4　各类数值型数据间的混合运算

在同一个表达式中出现多种数据类型，就是各类数值型数据间的混合运算。在对这样的表达式运算求值的时候，需要先将各种类型的数据转换成同一类型数据，然后才能运算求值，这种转换由编译程序自动完成，转换规则如图 2.5 所示。

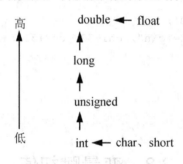

图 2.5　转换规则

1. 规范化

表达式中若有 short、char 类型，在运算前应先转换成 int 型，unsigned short 类型先转换成 unsigned int 型，float 类型先转换成 double 型。这种同级间的转换称为规范化，即图 2.5 中向左的箭头。

2. 保值转换

若运算符两端操作类型不一致，在运算前应先将类型等级较低的数据类型转换成等级较高的，这种不同级间的转换称为保值转换，按图 2.5 中低等级向高等级进行转换，即图 2.5 中向上的箭头。

例如，有如下定义：

```
int m;
float n;
double d;
long int e;
```

对表达式('c'+'d')×20+m×n−d/e 进行运算时是这样转换的：①计算('c'+'d')时，先将'c'

和'd'转换成整型数 99、100，运算结果为 199；②计算 m×n 时，先将 m 和 n 都转换成为双精度型；③将 e 转换成双精度型，d/e 结果为双精度型；④假设先计算运算符左边的操作数，那么('c'+'d')×20 计算后的结果为 3980，再将 3980 转换成双精度型，然后与 m×n 的结果相加，再减去 d/e 的结果，表达式计算完毕，结果为双精度实型数。

2.5 C 语言的运算符和表达式

C 语言表达式由运算符、常量及变量组成，运算符(即操作符)是对运算对象(又称操作数)进行某种操作的符号。C 语言中的运算符很多，多数运算符的运算基本符合代数运算规则，但也有一些不同之处。若完成一个操作需要两个操作数，则称该运算符为二元(双目)运算符；若完成一个操作需要一个操作数，则称该运算符为一元(单目)运算符。

C 语言中的运算符非常丰富，能构成多种表达式。对于运算符与表达式，应从以下几个方面来掌握。

- 运算符号。
- 运算规则，即所进行的操作。
- 运算的优先级别。
- 运算顺序。
- 运算对象。
- 运算结果。

本节重点介绍基本运算符及表达式，其他专用运算符将在后续章节陆续介绍。

2.5.1 算术运算符和算术表达式

1. 基本算术运算符

有五种基本的算术运算符：+(加法)、-(减法/取负)、*(乘法)、/(除法)、%(求余数)。这五种算术运算符的运算规则与代数运算基本相同，但有以下不同之处需要说明。

- 除法运算(/)：C 语言规定——两个整数相除，其商为整数，小数部分被舍弃，例如，5/2 = 2。若两个运算对象中至少有一个是实型，则运算结果为实型，例如 5.0/2 = 2.5。
- 求余数运算(%)：要求运算符两侧的操作数均为整型数据，否则出错。结果是整除后的余数。运算结果的符号随不同系统而定，在 Turbo C 中运算结果的符号与被除数相同。例如，7%3、7%-3 的结果均为 1(商分别为 2、-2)；-7%3、-7%-3 的结果均为-1(商分别为-2、2)。

2. 表达式和算术表达式

用运算符和括号将运算对象(常量、变量和函数等)连接起来的、符合 C 语言语法规则的式子，称为表达式。单个常量、变量或函数，可以看作表达式的一种特例。将单个常量、变量或函数构成的表达式称为简单表达式，其他表达式称为复杂表达式。

用算术运算符和括号将运算对象(常量、变量和函数等)连接起来的、符合 C 语言语法规则的式子，称为算术表达式。例如 3+6*9、(x+y)/2-1 等，都是算术表达式。

表达式求值遵循以下规则。

- 按运算符的优先级高低次序执行。例如，先乘除后加减。如对于表达式 a-b*c，b 的左侧为减号，右侧为乘号，而乘号优先于减号，因此，相当于 a-(b*c)。
- 如果一个运算对象(或称操作数)两侧的运算符的优先级相同，则按 C 语言规定的结合方向(结合性)执行。算术运算符的结合方向是"从左至右"，即先左后右。例如，在执行 a-b+c 时，变量 b 先与减号结合(即运算对象先与左面的运算符结合)，执行"a-b"，然后再执行加 c 的运算。

如果一个运算符两侧的数据类型不同，则系统会按 2.4 节所述，先自动进行类型转换，使二者具有同一种类型，然后再进行运算。

3．强制类型转换

可以利用强制类型转换运算符将一个表达式转换成所需类型。例如：

- (double)a   将变量 a 的值转换成 double 型。
- (int)(x+y)   将 x+y 的结果转换成 int 型。
- (float)5/2   等价于((float)5)/2，将 5 转换成实型，再除以 2(=2.5)。
- (float)(5/2)   将 5 整除 2 的结果(2)转换成实型(2.0)。

数据类型强制转换的一般格式如下：

(<要转换成的数据类型名>) (<被转换的表达式>)

当被转换的表达式是一个简单表达式时，外面的一对圆括号可以缺省。

> **注意**：强制转换类型得到的是一个所需类型的中间量，原表达式类型并不发生变化。例如，x 原定为 float 型，则(double)x 只是将变量 x 的值转换成一个 double 型的中间量，其 x 的数据类型并未转换成 double 型，仍为 float 型。

4．自增(++)、自减(--)运算符

自增、自减运算的作用是分别使单个变量的值增 1 或减 1，均为单目运算符。自增、自减运算符都有两种用法。

(1) 前置运算。运算符放在变量之前：

++变量、--变量

先使变量的值增(或减)1，然后再以变化后的值参与其他运算，即先增(减)，后运算。

(2) 后置运算。运算符放在变量之后：

变量++、变量--

变量先参与其他运算，然后再使变量的值增(或减)1，即先运算，后增(减)。

例如，如果 i 的原值等于 3，则执行下面的赋值语句。

```
j = ++i;     /* i的值先增1变成4，再赋给j，j的值为4 */
j = i++;     /* 先将i的值3赋给j，j的值为3，然后i增1变成4 */
```

【例2.7】 自增、自减运算符的用法与运算规则示例。代码如下：

```
#include <stdio.h>
void main()
{
    int x=6, y;
    printf("x = %d\n", x);    /* 先输出x的初值 */
    y = ++x;     /* 前置运算：x先增1(=7)，然后再赋值给y(=7) */
    printf("y = ++x: x = %d, y = %d \n", x, y);
    y = x--;     /* 后置运算：先将x的值(=7)赋值给y(=7)，然后x再减1(=6) */
    printf("y = x--: x = %d, y = %d\n", x, y);
}
```

程序运行结果如下：

```
x = 6
y = ++x: x = 7, y = 7
y = x--: x = 6, y = 7
```

说明：

(1) 自增、自减运算常用于循环语句中，使循环控制变量加(或减)1，以及在指针变量中，使指针向下(或上)移动一个地址。

(2) 自增、自减运算符不能用于常量和表达式。例如，5++、--(a+b)等都是非法的。

(3) 在表达式中，连续使用同一变量进行自增或自减运算时，容易出错，所以最好避免这种用法。

例如，表达式(x++) + (x++) + (x++)的值等于多少(假设x的初值=3)？在Turbo C系统下，该表达式的值等于9，变量x的值变为6。为什么？请思考。

(4) 使用++和--时，常会出现一些人们"想不到"的副作用，初学者要慎用。在书写时最好采用大家都能理解的写法，避免误解。如不要写成 i+++j 的形式，否则会产生二义性，即(i++)+j 或 i+(++j)，最好写成(i++)+j 或 i+(++j)的形式。但C语言规定：从左到右取尽可能多的符号组成运算符。例如，设整型变量i、j的值均为5，则i+++j应理解为(i++)+j，结果为10，运算后i为6，j不变。

(5) 在printf()函数中，打印的各项目的求值顺序随各系统而定，在Turbo C系统中是从右向左。例如，设i的初值为5：

```
printf("%d,%d", i, i++);
```

输出结果如下：

```
6,5
```

2.5.2 关系运算符和关系表达式

所谓"关系运算"实际上就是"比较运算"，即将两个数据进行比较，判定两个数据是否符合给定的关系。

例如,"a>b"中的">"表示一个大于关系运算。如果 a 的值是 5,b 的值是 3,则大于关系运算">"的结果为"真",即条件成立;如果 a 的值是 2,b 的值是 3,则大于关系运算">"的结果为"假",即条件不成立。

1. 关系运算符及其优先次序

C 语言提供了六种关系运算符:<(小于)、<=(小于或等于)、>(大于)、>=(大于或等于)、==(等于)、!=(不等于)。

> **注意**:在 C 语言中,"等于"关系运算符是双等号"==",而不是单等号"="(赋值运算符),要注意区别。

关系运算符的优先级规则如下。

- 在六种关系运算符中,前四个优先级相同,后两个相同,且前四个高于后两个。
- 关系运算符的优先级低于算术运算符,但高于赋值运算符,即由高到低的次序是算术运算符→(<、<=、>、>=)→(==、!=)→赋值运算符。

2. 关系表达式

所谓关系表达式是指用一个关系运算符将两个表达式(可以是算术表达式、关系表达式、逻辑表达式、赋值表达式或字符表达式等)连接起来,进行关系运算的式子。

例如,下面的关系表达式都是合法的。

a>b、a+b>c–d、(a=3)<=(b=5)、'a'>='b'、(a>b)==(b>c)。

关系表达式的值是一个逻辑值(非"真"即"假")。由于 C 语言没有逻辑型数据,所以用整数"1"表示"逻辑真",用整数"0"表示"逻辑假"。

例如,假设 int x = 3,y = 4,z = 5,则

(1) x > y 的值为 0,因为表达式的值为"逻辑假",在 C 语言中用"0"表示。

(2) (x > y) != z 的值为 1,因为 x > y 的值为 0,显然不等于 z 的值,所以不等于关系成立,即为"逻辑真",用整数"1"表示。

(3) x < y < z 的值为 1,因为 x < y 的值为 1,1 小于 z,即小于关系成立。

(4) (x < y) + z 的值为 6,因为 x < y 的值为 1,1+5=6。

再次强调:C 语言用整数"1"表示"逻辑真",用整数"0"表示"逻辑假",所以关系表达式的值,还可以参与其他种类的运算,例如算术运算、逻辑运算等。

2.5.3 逻辑运算符和逻辑表达式

关系表达式只能描述单一条件,例如"x >= 0"。如果需要描述"x >= 0"且"x < 10",就不能写为"0<=x<10",而必须借助于逻辑表达式了。

1. 逻辑运算符及其优先次序

1) 逻辑运算符及其运算规则

C 语言提供三种逻辑运算符。

- &&：逻辑与(相当于"并且")。
- ||：逻辑或(相当于"或者")。
- !：逻辑非(相当于"否定")。

"&&"和"||"是双目运算符，要求有两个运算量；而"!"是单目运算符，只要求有一个运算量。例如，下面的表达式都是逻辑表达式。

```
(x >= 0) && (x < 10)              /* x>=0,并且x<10 */
(x < 1) || (x > 5)                /* x<1,或者x>5 */
!(x == 0)                         /* 否定x=0,即 x 不等于 0 时条件成立 */
(year % 4==0) && (year % 100 != 0) || (year % 400==0)   /* year 能被 4 整除，
同时不能被100 整除；或者，year 能被 400 整除 */
```

逻辑运算符的运算规则如下。
- &&：当且仅当两个运算量的值都为"真"时，运算结果为"真"，否则为"假"。
- ||：当且仅当两个运算量的值都为"假"时，运算结果为"假"，否则为"真"。
- !：当运算量的值为"真"时，运算结果为"假"；当运算量的值为"假"时，运算结果为"真"。

例如，假定 x = 5，则(x >= 0) && (x < 10) 的值为"真"，(x < -1) || (x > 5)的值为"假"。

2) 逻辑运算符的运算优先级

(1) 在三个逻辑运算符中，逻辑非的优先级最高，逻辑与次之，逻辑或最低，即由高到低的次序为!(逻辑非)→&&(逻辑与)→||(逻辑或)。

(2) 与其他种类运算符的优先关系如下：!(逻辑非)→算术运算→关系运算→&&(逻辑与)→||(逻辑或)→赋值运算。

2．逻辑表达式

所谓逻辑表达式是指，用逻辑运算符将一个或多个表达式连接起来，进行逻辑运算的式子。在 C 语言中，用逻辑表达式表示多个条件的组合。

例如，"(year % 4 == 0) && (year % 100 != 0) || (year % 400 == 0)"就是一个判断年份是否是闰年的逻辑表达式。

逻辑表达式的值也是一个逻辑值(非"真"即"假")。如前所述，C 语言用整数"1"表示"逻辑真"，用"0"表示"逻辑假"。但在判断一个数据的"真"或"假"时，却以 0 和非 0 为根据：如果为 0，则判定为"逻辑假"；如果为非 0，则判定为"逻辑真"。

例如，假设 num=12，则：
- !num 的值=0，因为 num 不等于 0，被判定为"逻辑真"；对"逻辑真"执行逻辑非运算，结果为"逻辑假"。
- num>=1 && num<=31 的值=1，因为 num>=1 为"真"，num<=31 也为"真"，所以逻辑与的结果为"真"。
- num || nun > 31 的值= 1，因为 num 不等于 0，被判定为"真"，而 num > 31 为"假"，由于逻辑或运算的两个操作数不同时为"假"，所以其结果为"真"。

3. 说明

(1) 逻辑运算符两侧的操作数，除可以是 0 和非 0 的整数外，也可以是其他任何类型的数据，如实型、字符型等。

(2) 在计算逻辑表达式时，只有在必须执行下一个表达式才能求解时，才求解该表达式(即并不是所有的表达式都被求解)。换句话说：

- 对于逻辑与运算，如果第一个操作数被判定为"假"，由于第二个操作数不论是"真"还是"假"，都不会对其结果产生影响，所以系统不再判定或求解第二个操作数。
- 对于逻辑或运算，如果第一个操作数被判定为"真"，同样地，第二个操作数不论是"真"还是"假"，都不会对其结果产生影响，所以系统不再判定或求解第二个操作数。

例如，假设：

```
int m, n, a, b, c, d; m = n = a = b = c = d = 1;
```

则求解表达式：

```
(m = a > b) && (n = c > d)
```

结果为：m 的值变为 0，而 n 的值不变，仍等于 1。

因为 a > b 不成立，其值为 0，则 m 的值为 0，赋值表达式(m = a > b)的值也为 0，在逻辑运算中被判断为"假"。对于逻辑与运算，第一个操作数被判定为"假"，则不论第二个操作数(n = c > d)是"真"还是"假"，其值都为"假"，所以不再计算该子表达式，故 n 保持原值不变。

2.5.4 赋值运算符和赋值表达式

1. 赋值运算

符号"="就是赋值运算符，它的作用是将一个表达式的值赋给一个变量。

赋值运算符的一般形式如下：

<变量> = <赋值表达式>;

注意：被赋值的变量必须是单个变量，且必须在赋值运算符的左边。

例如：

```
x = 5                /* 将 5 赋值给变量 x */
y = (float)5/2       /* 将表达式的值(=2.5)赋值给变量 y */
```

当表达式值的类型与被赋值变量的类型不一致，但都是数值型或字符型时，系统会自动将表达式的值转换成被赋值变量的数据类型，然后再赋值给变量。

2. 复合赋值运算

在赋值符"="之前加上其他双目运算符可构成复合赋值符,它是 C 语言中特有的一种运算。复合赋值运算的一般格式如下:

<变量> <双目运算符>= <表达式>

它等价于:

<变量> = <变量> 双目运算符 (表达式)

当表达式为简单表达式时,表达式外的一对圆括号才可缺省,否则可能出错。
例如:

```
x += 3              /* 等价于 x = x + 3 */
y *= x + 6          /* 等价于 y = y * (x + 6),而不是 y = y * x + 6 */
```

C 语言规定的 10 种复合赋值运算符如下:

```
+=  -=  *=  /=  %=          /* 复合算术运算符(5 个) */
&=  ^=  |=  <<=  >>=        /* 复合位运算符(5 个),将在本节后面介绍 */
```

3. 赋值表达式

由赋值运算符或复合赋值运算符将一个变量和一个表达式连接起来的表达式,称为赋值表达式。

赋值表达式的一般格式如下:

<变量> [<复合赋值运算符>] = <表达式>

赋值表达式也有一个值,被赋值变量的值,就是赋值表达式的值。
例如,对于"a = 5"这个赋值表达式,变量 a 的值"5"就是它的值。

注意:将赋值运算作为表达式,且允许出现在其他语句(如循环语句)中,这是 C 语言灵活性的一种表现。

2.5.5 条件运算符和条件表达式

1. 一般格式

条件运算符和条件表达式的一般格式如下:

<表达式1> ? <表达式2> : <表达式3>

条件运算符是 C 语言中唯一的一个三目运算符,其中的"表达式 1"、"表达式 2"、"表达式 3"的类型,可以各不相同。通常"表达式 1"为逻辑表达式或关系表达式。

2. 运算规则

如果"表达式 1"的值为非 0(即逻辑真),则运算结果等于"表达式 2"的值;否则,运算结果等于"表达式 3"的值。

3. 运算符的优先级别与结合性

条件运算符的优先级，高于赋值运算符，但低于关系运算符和算术运算符。其结合性为"从右到左"(即右结合性)。

例如，设 a = 2，c = 'a'，f = 3.0，则

```
a>0 ? a : -a                                    /* 结果为 2 */
f==3.0 ? a <= c : a >= c                        /* 结果为 1 */
(f>0) ? ((a>0) ? 2 : 1) : ((a>0) ? 1 : 0)       /* 结果为 2 */
(a>=0) ? (a = 1) : (a = 0)                      /* 结果为 1 */
```

【例 2.8】 从键盘上输入一个字符，如果它是大写字母，则把它转换成小写字母输出；否则，直接输出。代码如下：

```c
void main()
{
    char ch;
    printf("Input a character:");
    scanf("%c", &ch);
    ch = (ch >= 'A' && ch <= 'Z') ? (ch+32) : ch;   /* 将条件表达式的值赋给 ch */
    printf("ch = %c\n", ch);
}
```

2.5.6 逗号运算符和逗号表达式

C 语言中有一种用逗号运算符","连接起来的式子，称为逗号表达式。逗号运算符又称顺序求值运算符。

1. 一般形式

逗号运算符的一般形式如下：

<表达式 1>，<表达式 2>，…，<表达式 n>

2. 求解过程

从左至右，依次计算各表达式的值，最后"表达式 n"的值即为整个逗号表达式的值。

例如，逗号表达式"a = 3 * 5, a * 4"的值为 60：先求解 a=3*5，得 a=15；再求 a*4=60，所以逗号表达式的值为 60。

又如，逗号表达式"(a = 3 * 5, a*4), a+5"的值为 20：先求解 a=3*5，得 a=15；再求 a*4=60；最后求解 a+5=20，所以逗号表达式的值为 20。

> **注意**：并不是任何地方出现的逗号都是逗号运算符。很多情况下，逗号仅用作分隔符。

2.5.7 求字节数运算

求字节数运算运算符：

```
sizeof(类型/变量)
```

sizeof 运算符是一个单目运算符,它返回变量或类型的字节长度。
例如:

```
sizeof(double)       /* 结果为 8 */
sizeof(int)          /* 结果为 2 */
```

也可以求已定义的变量,例如设有说明 "float f; int i;",则 i = sizeof(f)的值为 4。

2.5.8 位逻辑运算

Turbo C 和其他高级语言不同的是,它完全支持按位运算符,这与汇编语言的位操作有些相似。Turbo C 中的按位逻辑运算符如表 2.3 所示。

表 2.3 按位逻辑运算符

操作符	名称	运算规则	主要用途
&	按位与	对应位均为 1 时才为 1,否则为 0	将一个数的某(些)位置 0,其余位保留不变
|	按位或	对应位均为 0 时才为 0,否则为 1	将一个数的某(些)位置 1,其余位保留不变
^	按位异或	对应位相同时为 0,不同时为 1	使一个数的某(些)位翻转(原来为 1 的位变为 0,为 0 的位变为 1),其余各位不变
~	按位取反	各位翻转,即 1 变 0,0 变 1	间接地构造一个数,以增强程序的可移植性

说明:
- 参与运算时,操作数都必须首先转换成二进制数,然后再执行相应的按位运算。
- 按位取反运算符的优先级别与其他单目运算符相同,运算自右向左进行;双目 & 运算符的优先级别高于 | 运算符, | 运算符高于 ^ 运算符。
- 位双目运算符的优先级别低于关系运算符,高于逻辑运算符,运算自左向右进行。

例如,设有定义 int a=3, b=9,则有

```
       a&b=1              a|b=11             a^b=11            ~b=246
     00000011           00000011           00000011
  &  00001001        |  00001001        ^  00001001        ~  00001001
     00000001           00001011           00001010           11110110
```

2.5.9 位移运算和位运算赋值运算符

1. 位移运算

位移运算符如表 2.4 所示。

表 2.4　位移运算符

操 作 符	名　称	运算规则	说　明
<<	左移	a<<b, a 左移 b 位	使操作数各位左移，低位补 0，高位移出舍去
>>	右移	a>>b, a 右移 b 位	使操作数各位右移，移出的低位舍去，高位： ①对无符号数和有符号数中的正数，补 0； ②有符号数中的负数，取决于所使用的系统，补 0 的称为"逻辑右移"，补 1 的称为"算术右移"

位移运算符<<、>>同级，它们的优先级别较高，仅次于算术双目运算符，运算方向从左向右。

1) 左移运算符

左移运算符可以用来把一个数的各二进位全部左移若干位。例如，b<<3 表示将 b 的各位数字左移 3 位，右补 0。若 b=13，即二进制数 00001101，左移 3 位得 01101000，即十进制数 104。高位左移后溢出的数字舍弃，不起作用。

二进制数左移一位相当于该数乘以 2^1，左移 2 位相当于该数乘以 $2^2=4$，前面所举例子 13<<3=104，即 13 乘以 2^3(8)。但是这个结论只能用于该数左移时被溢出舍弃的高位中不包含 1 的情况。假如以一个字节(8 位)存放一个整数，若 a 为无符号整型变量，即 a=64 时，左移一位溢出的是 0，左移 2 位，溢出的高位中就包含 1，此时已不是乘 4 的结果。

```
    a 的值          a 的补码形式         a<<1              a<<2
     64             01000000          0:10000000        01:00000000
```

由上可知，a = 64 左移一位时相当于乘 2，左移 2 位其值为 0。

2) 右移位运算符

b >> 2 表示将 b 的各二进位右移 2 位。移到右端的低位被舍弃，对无符号数，高位补 0。如 b=14 时：b 为 00001110，b>>2 为 00000011:10 (右边移出二位舍去)。右移一位相当于除以 2，右移 n 位相当于除以 2^n。右移时，应注意符号位问题。对于无符号数，右移时左边高位补入 0。对于有符号数，若符号位为 0(即正数)则左边也补入 0，如符号位为 1(即负数)，则左边补入 0 还是 1，要取决于所使用的计算机系统。补入 0 的称为"逻辑右移"，补入 1 的称"算术右移"。例如，m 为八进制数 113755 时：

```
    m            1001011111101101
    m>>1         0100101111110110      (逻辑右移时)
    m>>1         1100101111110110      (算术右移时)
```

2．位运算赋值运算符

位运算赋值运算符如表 2.5 所示。

所有位运算赋值运算符优先级别相同，与赋值优先级别相同，运算方向自右向左运算。例如，设 a 为 6，b 为 3，a、b 均为无符号整型，则 b &= a，结果 a 不变，b 为 2；a <<= b，结果 b 不变，a 为 48。

表 2.5 位运算赋值运算符

操 作 符	名　称	运 算 规 则	说　明
&=	位与赋值	a &= b 等价于 a = a & b	
|=	位或赋值	a |= b 等价于 a = a | b	
^=	按位异或赋值	a ^= b 等价于 a = a ^ b	操作数均为整型
<<=	位左移赋值	a <<= b 等价于 a = a << b	
>>=	位右移赋值	a >>= b 等价于 a = a >> b	

2.5.10 运算符的优先级与结合性

综上所述，C 语言共有九类运算符以及相应的表达式，这是 C 语言程序设计中最基础的部分，读者不仅要熟悉各类运算符的运算规则，而且还应该清楚各类运算符在表达式中的优先级与结合性。所谓结合性，就是指当一个操作数两侧的运算符具有相同的优先级时，该操作数是先与左边的运算符结合，还是先与右边的运算符结合。运算对象先与左面的运算符结合，称为左结合性(即从左至右运算)；反之，称为右结合性(从右至左运算)。结合性是 C 语言的独有概念。分析表 2.6 不难得出：除单目运算符、条件运算符和赋值运算符是右结合性外，其他运算符都是左结合性。优先级顺序是：第 1 级最高……第 15 级 "," 运算符最低。

表 2.6 运算符的优先级与结合性

优 先 级	运　算　符	含　　义	运算类型	结 合 性
1(最高)	() [ ] -> .	圆括号、函数参数表 数组元素下标 指向结构成员 结构体成员		自左至右
2	! ~ ++ -- - (类型) * & sizeof	逻辑非 按位取反 自增 1 自减 1 求负 强制类型转换 指针运算符 求地址运算符 长度运算符	单目运算	自右至左
3	*　　/　　%	乘法、除法、求余运算符	双目运算	自左至右
4	+　　-	加法、减法运算符	双目运算	自左至右
5	<<　　>>	左移、右移运算符	移位运算	自左至右
6	<　<=　>　>=	小于、小于等于、大于、大于等于	关系运算	自左至右
7	==　　!=	等于、不等于运算符	关系运算	自左至右

续表

优先级	运算符	含义	运算类型	结合性
8	&	按位与	位运算	自左至右
9	^	按位异或	位运算	自左至右
10	|	按位或	位运算	自左至右
11	&&	逻辑与	逻辑运算	自左至右
12	||	逻辑或	逻辑运算	自左至右
13	? :	条件运算	三目运算	自右至左
14	= += -= *= /= %= >>= <<= &= ^= !=	赋值、运算赋值	双目运算	自右至左
15 最低	,	逗号运算(顺序求值)	顺序运算	自左至右

2.6 上机实训

1. 实训目的

(1) 正确选用数据类型，理解不同数据类型在内存中的存放形式。

(2) 掌握各类型变量的定义。

(3) 掌握各种运算符的运算规则、优先级和运算顺序，特别是自增(++)和自减(--)运算符的使用。

(4) 掌握各类表达式的书写规则及其运算结果。

2. 实训内容

实训 1 启动 Win-TC / Visual C++ 6.0 集成环境，在编辑环境中输入下列程序，编译、连接、运行程序，观察和分析程序的运行结果，并与人工计算结果进行比较。

(1)

```
#include <stdio.h>
void main()
{
    char c1, c2;
    c1=97; c2=98;
    printf("%c  %c\n", c1, c2);
    printf("%d  %d\n", c1, c2);
    c1 = c1 - 32;
    c2 = c2 - ('a' - 'A');
    printf("%c  %c\n", c1, c2);
```

}
```

(2)
```c
#include <stdio.h>
void main()
{
    int a = 016;
    a %= 6-1;
    printf("%d\n", a);
    a+=a*=a/=3;
    printf("%d\n", a++);
    printf("%d\n", ++a);
}
```

(3)
```c
#include <stdio.h>
void main()
{
    int w, x, y, z, m;
    w=1; x=2;
    y=3; z=4;
    m = (w<x) ? w : x;
    m = (m<y) ? m : y;
    m = (m<z) ? m : z;
    printf("%d\n", m);
}
```

(4)
```c
#include <stdio.h>
void main()
{
    int x=10, y=9;
    int a, b, c;
    a = (--x==y++) ? --x : ++y;
    b = x++;
    c = y;
    printf("a=%d, b=%d, c=%d \n", a, b, c);
}
```

实训 2 参照下列求圆面积与圆周长的程序，编写已知圆半径、圆柱高，求圆周长和圆柱体积的程序。

```c
#include <stdio.h>
#define PI 3.1415926
void main()
{
    float r;
```
```

```
    float area=0, len=0;
    printf("\nplease input r:");
    scanf("%f", &r);
    area = PI * r * r;
    len = 2 * PI * r;
    printf("\n area=%f, length=%f", area, len);
}
```

3. 实训总结

(1) 总结在 Win-TC / Visual C++ 6.0 集成环境下编辑、编译、连接和执行程序的方法。

(2) 总结 C 语言的变量和常量的基本概念；各种数据类型的定义；变量赋值和初始化的方法；基本运算符的运算规则、优先级和表达式。

(3) 分析总结 C 语言程序的基本结构，通过本次实训，说明如何根据要求运用运算符建立一般表达式和编写简单的程序。

习　　题

一、填空题

(1) 表达式 10/3 的结果是_____，表达式 10%3 的结果是_____。

(2) 定义 "int x, y;"，执行 "y=(x=1, ++x, x+2);" 语句后，y 的值是_____。

(3) 设 "int x=9, y=8;"，表达式 x==y+1 的结果是_____。

(4) 设 "int a=1, b=2, c=3, d;"，执行 d = !(a+b+c)后，d 的结果是_____。

(5) 设 "int x;"，当 x 值分别为 1、2、3、4 时，表达式(x&1==1) ? 1 : 0 的值分别是_____、_____、_____、_____。

(6) 执行下列语句后，a 的值是_____。

```
int a = 12; a += a -= a * a;
```

(7) 执行下列语句后，z 的值是_____。

```
int x=4, y=25, z=2;  z = (--y / ++ x) * z--;
```

(8) 执行下列语句后，a、b、c 的值分别是_____、_____、_____。

```
int x=10, y=9;  int a, b, c;
a = (--x == y++) ? --x : ++y; b = x++; c = y;
```

(9) 以下程序的执行结果是_____。

```
#include <stdio.h>
void main()
{
    float f=13.8;  int n;  n=((int)f)%3;
    printf("n=%d\n", n);
}
```

(10) 以下程序的执行结果是_____。

```c
#include <stdio.h>
void main()
{
    int a, b, x;  x=(a=3,b=a--);
    printf("x=%d, a=%d, b=%d\n", x, a, b);
}
```

(11) 以下程序的执行结果是_____。

```c
#include <stdio.h>
void main()
{
    int n = 1;
    printf("%d  %d  %d\n", n, ++n, n--);
}
```

二、选择题

(1) 以下结果为整数的表达式是(设有 int i; char c; float f;)(　　)。
  A. i+f   B. i*c   C. c+f   D. i+c+f

(2) 以下不正确的语句是(设有 int p, q)(　　)。
  A. p*=3;   B. p/=q;   C. p+=3;   D. p&&=q;

(3) 以下使 i 的运算结果为 4 的表达式是(　　)。
  A. int i=0, j=0;
  B. int i=1, j=0; j=i=((i=3)*2);
  C. int i=0, j=1; (j==1) ? (i=1) : (i=3);
  D. int i=1, j=1; i += j+= 2;

(4) 设有 "char ch;"，以下正确的赋值语句是(　　)。
  A. ch = '123'; B. ch = '\xff'; C. ch ='\08'; D. ch="\"";

(5) 设 "n = 10, i = 4;"，则值运算 "n %= i +1" 执行后，n 的值是(　　)。
  A. 0   B. 3   C. 2   D. 1

(6) 逗号表达式 "(a = 3 * 5, a * 4), a+15" 的值为(　　)，a 的值为(　　)。
  ① A. 15   B. 60   C. 30   D. 不正确
  ② A. 60   B. 30   C. 15   D. 90

(7) 如果 "a = 1, b = 2, c = 3, d = 4"，则条件表达式 "a<b ? a : c<d ? c : d" 的值为(　　)。
  A. 1   B. 2   C. 3   D. 4

(8) 设 "int n = 3;"，则++n 的结果是(　　)，n 的结果是(　　)。
  A. 2   B. 3   C. 4   D. 5

(9) 设 "int n = 3;"，则 n++的结果是(　　)，n 的结果是(　　)。
  A. 2   B. 3   C. 4   D. 5

(10) 设 "int a=2, b=2;"，则++a+b 的结果是(　　)，a 的结果是(　　)，b 的结果是(　　)。
    A. 2   B. 3   C. 4   D. 5
(11) 设 "int m = 1, n = 2;"，则 m ++ == n 的结果是(　　)。
    A. 0   B. 1   C. 2   D. 3
(12) 设 "a = 2, b;"，则执行 "b = a == !a;" 语句后，b 的结果是(　　)。
    A. 0   B. 1   C. 2   D. 3
(13) 设有以下语句，则 c 的二进制值是(　　)。

    char a=3, b=6, c;
    c = a ^ b << 2;

    A. 00011011   B. 00010100   C. 00011100   D. 00011000
(14) sizeof(double)是一个(　　)表达式。
    A. 整型   B. 双精度   C. 不合法   D. 函数调用
(15) 编辑程序是(　　)。
    A. 建立并修改程序   B. 将 C 源程序编译成目标程序
    C. 调试程序   D. 命令计算机执行指定的操作
(16) C 编译程序是(　　)。
    A. C 程序的机器语言版本   B. 一组机器语言指令
    C. 将 C 源程序编译成目标程序的程序
    D. 由制造厂家提供的一套应用软件
(17) 设有整型变量 a，实型变量 f，双精度型变量 x，则表达式 10+'b'+x*f 的值的类型为(　　)。
    A. int   B. float   C. double   D. 不能确定
(18) 若有 "int k=5; float x=1.2;"，则表达式(int)(x+k)的值是(　　)。
    A. 5   B. 6.2   C. 7   D. 6
(19) 下面对变量赋初值正确的是(　　)。
    A. int a=b=c=1;   B. int a=1, b=c=2;
    C. int a=1, b=1, c=1;   D. int a=b=1, c=2;
(20) 设有语句 "int a=3, b=6, c; c=a^b<<2;"，则 c 的二进制值是(　　)。
    A. 00011011   B. 00010100   C. 00011100   D. 00011000
(21) 当 "a=3, b=2, c=1" 时，表达式 f=a>b>c 执行完后 f 的值是(　　)。
    A. 1   B. 0   C. 3   D. 2

第 3 章　顺序结构程序设计

【本章要点】

C 语言是结构化程序设计语言，提供了功能丰富的控制语句，包括顺序结构、选择结构和循环结构。本章主要介绍三种结构化设计的基本概念、格式输入/输出函数 scanf()和 printf()、字符输入/输出函数 getchar()和 putchar()等内容，要求重点掌握顺序结构设计的基本思想及程序编写方法，熟练掌握常见的输入、输出库函数的调用。

3.1　C 语句概述

任何高级语言都有自己的定义和语法结构，使用某种语言编写程序时，应遵守该语言的语法规定。对于 C 语言的语法规则来说，除了前面章节介绍的数据、表达式和运算符之外，还有 C 语句。C 语句是 C 语言源程序的重要组成部分，是用来完成一定操作任务的一系列语句。C 语言的语句可以分为如下五大类。

(1) 表达式语句——表达式后面加一个分号，就构成了一个表达式语句。

例如：

```
sum=a+b;         /*赋值语句*/
i++;             /*自加运算表达式语句*/
x-1,y=2;         /*逗号表达式语句*/
```

(2) 函数调用语句——函数调用语句由一个函数加一个分号构成。

例如：

```
printf("This is a C statement.");
```

(3) 复合语句——程序中用花括号{}将多个语句组合在一起，称为复合语句，又称为语句块(Block)。

例如：

```
{
    int x, y;
    z = x + y;
    printf("d%", z);
}
```

(4) 空语句——只有一个分号(;)的语句称为空语句。空语句在语法上占一个语句位置，但它什么也不做，乍看起来，空语句没有什么用处，其实不然。在程序中，空语句经常被用作循环体。

比如常见的用于延时的一种循环语句：

```
for(i=0; i<=1000; i++)
    ;
```

(5) 控制语句——控制程序执行顺序，实现基本结构的语句，有下面九种。
- if-else：条件语句。
- switch：多分支选择语句。
- for：循环语句。
- while：循环语句。
- do-while：循环语句。
- continue：结束本次循环语句。
- break：终止执行循环语句或 switch 语句。
- goto：转向语句。
- return：函数返回值语句。

3.2 程序的三种基本结构

C 语言是结构化程序设计语言，结构化程序设计的基本思想是：用顺序结构、选择结构和循环结构来编写程序，限制使用无条件转移(goto)语句。

1. 顺序结构

顺序结构是最基本、最简单的程序结构，它由若干语句块组成，各语句块按照排列次序顺序执行。

这里的语句块可以是：①非转移语句；②三种基本结构之一。

顺序结构如图 3.1 所示，先执行 A 块，再执行 B 块，两者是从上到下的顺序执行关系。

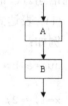

图 3.1 顺序结构

2. 选择结构

选择结构的功能是，根据给定条件从两条或多条可能的分支中选择一个分支执行。选择结构如图 3.2、图 3.3、图 3.4 所示。

例如，图 3.3 的执行过程为：先判断条件 P，如果条件成立(为真)则执行 A 块，否则执行 B 块，即 A 和 B 只能选择其中之一来执行。在 C 语言中，if 语句和 switch 语句支持选择结构。

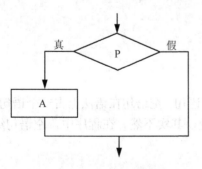

图 3.2 单分支选择结构

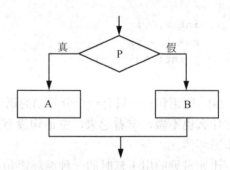

图 3.3 双分支选择结构

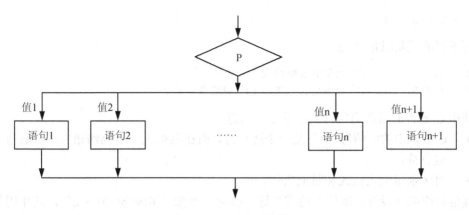

图 3.4 多分支选择结构

3. 循环结构

循环结构是由某个条件(循环控制条件)来控制循环体是否执行。这种结构也有两种形式，即当型循环和直到型循环。

- 当型循环结构：如图 3.5 所示，当条件 P 成立时，反复执行 A 操作，直到条件 P 不再成立时跳出循环。
- 直到型循环结构：如图 3.6 所示，先执行 A 操作，再判断条件 P 是否成立，若 P 成立，则再执行 A 操作，如此反复，直到条件 P 不成立时跳出循环。

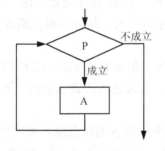
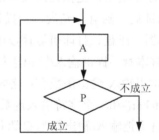

图 3.5 当型循环结构　　　　图 3.6 直到型循环结构

3.3 赋值语句

顺序结构是最简单的程序结构。在这种结构中，主要使用本节要介绍的赋值语句以及后面章节介绍的输入/输出函数。

赋值语句是一种表达式语句，在赋值表达式的后面加上一个分号，就构成了赋值语句。其基本形式如下：

变量 = 表达式；

例如下面的都是表达式：

X = 8

```
X = Y / 5 - 3
```

而下面的就是赋值语句。

```
X = 8;              /* 将整数 8 赋给变量 X */
X = Y / 5 - 3;      /* 将表达式 Y/5-3 的值赋给变量 X */
```

使用 C 语言的赋值语句时应注意以下问题。

- C 语言中的赋值号 "=" 是一个运算符，而在其他大多数高级语言中，赋值号不是运算符。
- 要区别赋值表达式和赋值语句。

其他高级语言没有"赋值表达式"这一概念。例如 "if((a=b)>0) t=a;"，其作用是先进行赋值运算(将 b 的值赋给 a)，然后判断 a 是否大于 0，如大于 0，则执行 t=a。此处 if 语句中 a=b 是赋值表达式而不是赋值语句，这样的写法是正确的。但是如果写成 "if((a=b;)>0) t=a;" 就是错误的，在 if 的条件中可以包含赋值表达式，但不能包含赋值语句。由此可以看出，C 语言把赋值语句与赋值表达式区别开来，增加了表达式的种类，实现了其他语言难以实现的功能。

3.4 格式输入与输出

所谓输入/输出，是指信息流入还是流出计算机主机。信息(程序或数据)从计算机的外部设备(如键盘、磁盘、光盘、扫描仪等)流入计算机称为输入；从计算机主机流向外部设备(如显示器、磁盘、打印机等)称为输出。

C 语言本身不提供输入/输出语句，而是由 C 函数库中的函数来实现。在 C 标准函数库中包含的常用输入/输出函数有：格式输出函数 printf()、格式输入函数 scanf()、单个字符输出函数 putchar()和单个字符输入函数 getchar()等。

C 语言不把输入/输出作为 C 语句的目的，是为了使 C 语言编译系统更加简单，因为将语句翻译成二进制指令是在编译阶段完成的，没有输入/输出语句就可以避免在编译阶段处理与硬件有关的问题，可以使编译系统简化，而且通用性强，可移植性好，在各种不同型号的计算机和不同的编译环境下都能适用，便于程序在计算机上实现。

其次，在使用系统函数时，要用编译命令 "#include" 将有关"头文件"包括到用户的源文件中，这些头文件包含调用函数时需要的信息。对于标准输入/输出库函数，要用到头文件 "stdio.h" 中提供的信息。因此在调用标准输入/输出函数时，文件开头应该有以下程序命令。

```
#include <stdio.h>
```

或者

```
#include "stdio.h"
```

stdio 是 standard input & output 的缩写，它包含与标准 I/O 库有关的变量定义和宏定义及对函数的声明。

3.4.1 printf()函数(格式输出函数)

格式化输出函数 printf()的功能是向计算机默认设备(一般是显示器)输出一个或多个任意类型的数据。printf()函数的一般格式如下:

```
printf("格式控制", 输出列表);
```

如:

```
printf("a=%d,b=%c\n", a, b);
```

1. 格式控制

格式控制也称"控制字符串",是由双引号括起来的字符串,用于指定输出的格式。它由格式说明、控制字符和普通字符三部分组成。

1) 格式说明

由"%"字符开始,在"%"后面跟有各种格式的字符,以说明输出数据的类型、形式、长度、小数位等格式。如"%d"表示十进制整数输出,"%f"表示按实型数据输出6位小数,"%c"表示按字符型数据输出等。C 语言提供的常用 printf()函数的格式说明如表 3.1 所示。

表 3.1 常用 printf()函数的格式说明及应用举例

格式说明	功 能	实 例	输出结果	说 明
%d, %i	输出带符号的十进制整数	int x=-1; printf("%d", x);	-1	
%u	输出无符号的十进制整数	int x=153; printf("%u, x");	153	
%x, %X	输出不带前导符 0X 或 0x 的无符号十六进制整数	int x = 2000; printf("%X", x);	7D0	%x 表示符号 a~f 以小写形式表示; %X 表示符号 A~F 以大写形式表示
%o	输出无符号形式的八进制整数	int x = 2000; printf("%o", x);	3720	不带前导符 0
%f	输出小数形式的单、双精度实数	float x = 123.456; printf("%f", x);	123.456000	默认 6 位小数
%e, %E	输出科学计数法形式的实数	float x = 123.456; printf("%e", x);	1.23456e+02	尾数部分6位数字(包括1位整数位,1位小数点)
%c	输出单个字符	char x = 'a'; printf("%c", x);	a	
%s	输出字符串	char x[8] = "abcdfg\0"; printf("%s", x);	abcdfg	必须以\0 结束或给定长度

2) 控制字符

控制字符用于控制设备的动作，如在表2.2中介绍的制表符"\t"、换行符"\n"等。
例如：

```
printf("x=%d\n", x);
```

函数中双引号内的"\n"就是一个换行符，它的作用是输出 x 的值后产生一个换行操作。

3) 普通字符

除格式说明和控制字符之外，其他字符均属普通字符，打印时按原样输出。例如常见的双引号内的逗号、空格和普通字母等。
例如：

```
printf("x=%d,%c", 12, 6*8);
```

其中，"x="和","都是普通字符。此语句的输出结果如下：

```
x=12,48
```

2. 输出列表

需要输出的数据项由若干表达式组成，表达式之间用逗号分隔。特别需要注意以下两点。
- 表达式可以由变量构成，也可以由常量构成。
- 表达式之间的逗号不是逗号表达式，而是确定计算顺序是自右向左进行的。

3. 附加说明符

在格式说明中，为了满足用户的高级需求，还可在%与格式字符间插入几种附加说明，其组成为"% 附加说明字符格式符"。常用的附加说明字符如表3.2所示。

表3.2 常用 printf()函数附加说明字符

附加说明字符	意 义
l	用于长整型，可以加在格式符 d、o、x、u 的前面
m(正整数)	数据输出的最小宽度，当数据实际宽度超过 m 时，则按实际宽度输出；如实际宽度短于 m，则输出时前面补 0 或空格
.n(正整数)	对实数表示输出 n 位小数，对字符串表示从左截取的字符个数
-	输出的字符或数字在域内向左对齐，默认右对齐
+	输出的数字前带有正负号
0	在数据前多余空格处补 0
#	用在格式字符 o 或 x 前，输出八进制或十六进制数时带前缀 0 或 0x

将附加说明字符(格式修饰字符)与格式符进行组合，可以输出各种不同格式的整型数据、字符型数据和实数型数据。

【例3.1】输出整型、长整型、无符号整型数据。代码如下：

```
void main()
{
    int y = 20;
    long a = 1024;
    unsigned b = 54321;
    clrscr();                              /* 清屏 */
    printf("%d,%ld,%u\n", y, a, b);
      /* 以十进制形式按数据实际长度输出变量 y、a、b */
    printf("%+8d,%+8ld,%+8u\n", y, a, b);
      /* 以十进制形式按 8 位列宽输出变量 y、a、b,带正负号 */
    printf("%08d,%08ld,%08u\n", y, a, b);
      /* 以十进制形式按 8 位列宽输出变量 y、a、b,不足位补 0 */
    printf("%-8d,%-8ld,%-8u\n", y, a, b);
      /* 以十进制形式按 8 位列宽输出变量 y、a、b,靠左对齐 */
    printf("%o,%lo,%o\n", y, a, b);
      /* 以八进制形式按实际列宽输出变量 y、a、b */
    printf("%#x,%#lx,%#x\n", y, a, b);
      /* 以十六进制形式按实际列宽输出变量 y、a、b,带前缀 0x */
    printf("%8o,%8lo,%8o\n", y, a, b);
      /* 以八进制形式按 8 位列宽输出变量 y、a、b */
    printf("%-8x,%-8lx,%-8x\n", y, a, b);
      /* 以十六进制形式按 8 位列宽输出变量 y、a、b,靠左对齐 */
}
```

运行结果如下(⊔代表空格):

```
20,1024,54321
⊔⊔⊔⊔⊔⊔+20,⊔⊔⊔+1024,⊔⊔⊔54321
00000020,00001024,00054321
20⊔⊔⊔⊔⊔⊔,1024⊔⊔⊔⊔,54321⊔⊔⊔
24,2000,152061
0x14,0x400,0xd4321
⊔⊔⊔⊔⊔⊔24,⊔⊔⊔⊔2000,⊔⊔152061
14⊔⊔⊔⊔⊔⊔,400⊔⊔⊔⊔⊔,d4321⊔⊔⊔
```

【例 3.2】 输出字符和字符串。其中 m、n 是正整数,m 为指定的输出字段宽度,n 是从字符串中截取的字符个数,负数表示左对齐,默认为右对齐。代码如下:

```
void main()
{
    char ch = 'a';
    clrscr();
    printf("%c\n", ch);                    /* 输出变量 ch */
    printf("%-3c\n", ch);                  /* 输出变量 ch,列宽为 3,靠左对齐 */
    printf("%3c\n", ch);                   /* 输出变量 ch,列宽为 3,靠右对齐 */
    printf("%s\n", "programing");          /* 按实际长度输出字符串 programing */
    printf("%15s\n", "programing");
      /* 输出字符串 programing,列宽为 15,靠右对齐 */
```

```
        printf("%-15s\n", "programing");
            /* 输出字符串 programing，列宽为 15，靠左对齐 */
        printf("%10.5s\n", "programing");
            /* 截取字符串 programing 的前 5 个字符，列宽为 10，靠右对齐 */
        printf("%-10.5s\n", "programing");
            /* 截取字符串 programing 前 5 个字符，列宽为 10，靠左对齐 */
}
```

运行结果如下：

a
a␣␣␣
␣␣␣a
programing
␣␣␣␣␣programing
programing␣␣␣␣␣
␣␣␣␣␣progr
progr␣␣␣␣␣

【例 3.3】输出实型数据。在 C 语言中，实型数据包括 float 和 double 两种类型，可以使用下面的格式输出它们。代码如下：

```
void main()
{
    float x, y;
    double a;
    x=111111.111; y=123.468;
    a = 333333333.33333;
    clrscr();
    printf("%f\n", x);
    printf("%f\n", a);
    printf("%10f,%10.2f,%.2f,%-10.2f\n", x, x, x, x);
    printf("%e\n", x);
    printf("%e\n", a);
    printf("%10e,%10.2e,%.2e.%-10.2e\n", a, a, a, a);
    printf("%f,%e,%g", y, y, y);
}
```

程序运行结果如下：

111111.109375
333333333.333330
111111.109375,␣111111.11,111111.11,111111.11␣
1.11111e+05
3.33333e+08
3.33333e+08,␣␣3.3e+08,3.3e+08.3.3e+08␣␣
123.468002,1.23468e+02,123.468

请读者自行分析程序运行情况。

注意：① 调用 printf()函数时，格式转换说明符与输出项必须在顺序和数据类型上一一对应。

② VC++ 6.0 规定：输出数据的个数取决于格式说明符的个数，当格式说明符的个数少于输出项的个数时，多余的输出项因没有对应的格式转换说明符而不予输出；当格式说明符的个数多于输出项的个数时，多余格式转换说明符因没有对应的输出项而输出不定值。

③ 当 printf()函数中多个输出项为表达式时，VC++ 6.0 规定先以从右到左的顺序计算各表达式的值，然后再以从左到右的顺序输出结果。

④ 在使用"f"格式符输出实数时，并非全部数字都是有效数字，单精度实数的有效位数一般为 7 位，双精度实数的有效位数一般为 16 位。

例如：float x=111111.111, y=222222.222;
　　　printf("%f", x+y);　/* 输出结果：333333.328125，只有前 7 位是有效数字 */
而：double x=111111.11111, y=222222.22222
　　　printf("%lf", x+y)　/* 输出结果：333333.333330，达 16 位是有效数字，小数点保留 6 位 */

3.4.2　scanf()函数(格式输入函数)

格式输入函数 scanf()的功能是从外部设备向程序中的变量输入一个或若干个任意类型的数据。scanf()函数的一般形式如下：

scanf("格式控制", 地址列表);

例如：

scanf("%d,%d", &a, &b);

1. 格式控制

格式控制是由双引号括起来的字符串，与 printf 函数中的"格式控制"字符串含义相同；其中的格式说明，也与 printf 函数的格式说明相似，以"%"字符开始，以一个格式字符结束，中间可以插入附加说明字符。在格式控制字符串中若有普通字符，则输入时原样输入。scanf()函数中可以使用的格式字符如表 3.3 所示，在"%"与格式字符间可使用的附加说明字符如表 3.4 所示。

表 3.3　scanf 函数的格式字符及作用

格式字符	作　用
%d, %i	输入带符号的十进制整数
%u	输入无符号的十进制整数
%x, %X	输入无符号的十六进制整数(不区分大小写)
%o	输入无符号形式的八进制整数

续表

格式字符	作　用
%f	输入实数，可以用小数形式或指数形式输入
%e、%E、g%、G%	与%f作用相同，%e、%f、%g可以互相替换使用
%c	输入单个字符
%s	输入字符串，将字符串送到一个字符数组中，在输入时以非空字符开始，遇到回车或空格字符结束

表3.4　scanf函数的附加格式说明字符及作用

格式修饰符	作　用
L或l	用在格式字符d、o、x、u之前，表示输入长整型数据；用在f或e之前，表示输入double型数据
h	用在格式字符d、I、o、x之前，表示输入短整型数据
m	指定输入数据所占宽度，不能用来指定实数型数据宽度，应为正整数
*	表示该输入项在读入后不赋值给相应的变量

2. 地址列表

变量地址列表是用逗号分隔的若干接收输入数据的变量地址。变量地址由地址运算符"&"后跟变量名组成，变量地址间用逗号","分隔。

例如：

```
#include <stdio.h>
void main()
{
    int a, b, c;
    scanf("%d%d%d", &a, &b, &c);
    printf("a=%d,b=%d,c=%d\n", a, b, c);
}
```

运行时按以下方式输入a、b、c的值：

```
3␣4␣5↙          /* 输入a、b、c的值，用空格间隔 */
a=3,b=4,c=5     /* 输出a、b、c的值 */
```

&a、&b、&c中的"&"是"地址运算符"，&a指a在内存中的地址。上面的scanf()函数的作用是：按照a、b、c的内存地址将a、b、c的值存入内存，如图3.7所示，变量a、b、c的地址是在编译阶段分配的。

"%d%d%d"表示要按十进制整数形式输入3个数。输入数据时，在两个数据之间以一个或多个空格间隔，也可以按Enter键或Tab键来间隔。下面的输入均合法：

① 3␣4␣5↙

② 3↙

　　5↙

③　3(按 Tab 键)4↵
　　5↵

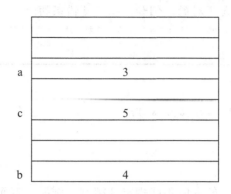

图 3.7　变量 a、b、c 在内存中的存储示意

用"%d%d%d"格式输入数据时,不能用逗号作为两个数据的分隔符,如下面的输入不合法:

3,4,5↵

3. 使用 scanf()函数时应注意的问题

(1) scanf()函数地址列表中的各个参数都是变量地址,而不是变量名。例如,设 a、b 分别为整型变量和浮点型变量,则如下语句是合法的:

scanf("%d %f", &a, &b);

而如下语句是非法的:

scanf("%d %f", a, b);

只有在字符数组的情况下例外,因为字符数组名实际是数组的第一个字符的地址。例如,若 name[20]为一个字符数组,则如下语句是合法的:

scanf("%s", name);

而如下语句是非法的:

scanf("%s", &name);

name 为数组时,不需在其前面加"&"。

(2) 如果在"格式控制"字符串中除了格式说明以外还有其他字符,则输入数据时在对应位置应输入与这些字符相同的字符。例如:

scanf("%d,%d", &a, &b)

输入时应用如下形式:

3,4↵

> **注意**：3 后面是逗号，它对应于 scanf()函数"格式控制"中的逗号，输入时不用逗号而用空格或其他字符是不对的。例如，以下是错误的：
>
> 3␣4↙
>
> 3:4

又如：

scanf("%d:%d:%d", &x, &y, &z);

输入形式应为

12:13:14

(3) 对于实型数据，输入时不能规定其精度。例如，下面的语句是不合法的：

scanf("%6.3f", &x);

(4) 在用"%c"格式输入字符时，空格字符和转义字符都将作为有效的字符输入。例如：

scanf("%c%c%c", &c1, &c2, &c3);

如果输入 a␣b␣c↙，则字符'a'送给 c1，字符'␣'送给 c2，字符'b'送给 c3。因为%c 只要求读入一个字符，后面不需要用空格作为两个字符的间隔，因此'␣'作为下一个字符送给 c2。如果想将字符'a'、'b'、'c'分别赋给字符变量 c1、c2、c3，正确的输入方法是：

abc↙ (中间没有空格)

(5) 在输入数据时，若遇到下列情况，则认为输入数据结束。
- 遇空格、按 Enter 键或 Tab 键。
- 遇宽度限制，如"%3d"，只取 3 列。
- 遇非法输入。

例如对于：

scanf("%d%c%f", &a, &b, &c);

若输入：

123a123o.26↙

 a b c

第一个数据对应%d 格式输入 123 之后遇字母 a，因此认为数值 123 后已没有数字了，第一个数据到此结束，把 123 送给变量 a，字符'a'送给变量 b，由于%c 只要求输入一个字符，因此，'a'后面不需要空格，后面的数值应送给变量 c。如果由于疏忽而把本来应为 1230.26 错打成 123o.26，由于 123 后面出现了英文字母"o"，就认为此数据结束，则将会把 123 送给 c，后面的数据将不被接受。

(6) 当使用多个 scanf()函数连续给多个字符变量赋值时，例如：

```
void main()
{
   char c1, c2;
   scanf("%c", &c1);
   scanf("%c", &c2);
   printf("c1 is %c,c2 is %c", c1, c2);
}
```

运行该程序,输入一个字符 A 后按 Enter 键(要完成 scanf()函数输入必须按 Enter 键),在执行 scanf("%c", &c1)时,给变量 c1 赋值 A,但按 Enter 键仍留在缓冲区内;执行输入语句 scanf("%c", &c2)时,变量 c2 将接收一个回车符而使输入结束。

那么输出结果为:c1 is A,c2 is (即 C2 接收了一个回车符,而没有被赋值)。

如果输入 AB 后按 Enter 键,那么输出结果为:c1 is A, c2 is B。

(7) 对于 unsigned 型变量所需的数据,可以用 "%u,%d" 或 "%o,%x" 格式输入。

(8) 在格式控制符中加入星号时,scanf()函数将读入对应数值,但不赋给相应变量。

例如:

```
scanf("%d%*c%d", &a, &b);
```

若从键盘上输入:

10/20✓

则函数把 10 赋给 a,20 赋给 b,而 "/" 被忽略。即%*c 的作用是跳过一个输入字符。又如:

```
scanf("%d%*d%d", &x, &y);
```

若从键盘上输入:

10 20 30✓

则函数把 10 赋给 x,30 赋给 y。

3.5 字符数据的输入/输出函数

3.5.1 putchar 函数(字符输出函数)

putchar()函数的一般形式如下:

```
putchar(c);
```

功能:向终端输出一个字符。其中 c 可以是字符型或整型的常量、变量或表达式。如果 c 为字符型,则输出其字符;如果 c 为整型,则输出 ASCII 码值对应参数 c 的字符。

例如:

```
putchar('a')   /* 输出结果为 a */
putchar(97)    /* 输出结果为 a */
```

注意：使用 putchar()函数时必须要用文件包含命令#include <stdio.h>。

例如：

```
#include <stdio.h>
void main()
{
    char x, y, z;
    x = 'B';
    y = 'Y';
    z = 'E';
    putchar(x); putchar(y); putchar(z);
}
```

运行后，输出结果如下：

BYE

用 putchar()函数可以输出能在屏幕上显示的字符，也可以输出屏幕控制字符，如 putchar('\n')的作用是输出一个换行符，使输出的当前位置移到下一行的开头。如果将上面例题的最后一行改为

```
putchar(x); putchar('\n'); putchar(y); putchar('\n'); putchar(z);
```

运行后输出结果如下：

B
Y
E

其次 putchar()函数还可以输出转义字符：

```
putchar('\101');      /* 输出结果为字母 A    */
putchar('\'');        /* 输出结果为单引号'   */
putchar('\"') ;       /* 输出结果为双引号"   */
putchar('\255');      /* 输出结果为图形符号! */
```

3.5.2　getchar()函数(字符输入函数)

getchar()函数的一般形式如下：

getchar();

功能：从终端(或系统默认的输入设备)输入一个字符。其函数的返回值是从输入设备输入的一个字符。例如：

```
char x;
x = getchar();
putchar(x);
```

运行结果如下:

A✓　　(通过键盘输入'A',按 Enter 键)
A　　　(输出变量 x 的值'A')

使用 getchar()函数时需要注意以下问题。
- getchar()函数没有参数。
- getchar()函数只能接收一个字符(包括控制字符)。
- 使用 getchar()函数前,需加上文件包含命令#include <stdio.h>。
- getchar()函数接到的字符可以赋给一个字符型变量或整型变量,也可以作为表达式的一部分。

例如:

```
#include <stdio.h>
void main()
{ putchar(getchar()); }
```

【例 3.4】字符输入输出函数的使用。代码如下:

```
#include <stdio.h>
void main()
{
    char c1, c2;
    char c3 = 'X';
    c1 = getchar();
    c2 = getchar();
    putchar(c1);
    putchar(c2);
    putchar(c3);
}
```

运行时,若输入 A✓,则变量 c1 的值为字符'A',变量 c2 的值为字符'\n'。
输出结果如下:

A
X

3.6　顺序结构程序设计举例

顺序结构是最简单的一种程序结构。结构化程序设计的要求之一是采用自顶向下的方法,所有的程序流程归根结底都是顺序执行的。本节举例说明顺序结构程序设计的基本方法。

【例 3.5】从键盘输入一个小写字母,输出其对应的大写字母及其相应的 ASCII 码值。

分析:从 ASCII 码表中得知,大写字母的 ASCII 码值和小写字母的 ASCII 码值相差 32,

而 C 语言允许字符型数据和整型数据混合运算，因此一个小写字母减去 32，即得到对应的大写字母。

程序如下：

```
#include <stdio.h>
void main()
{
    char ch1, ch2;
    ch1 = getchar();
    ch2 = ch1 - 32;
    printf("\n letter:%c,ascii=%d", ch1, ch1);
    printf("\n letter:%c,ascii=%d", ch2, ch2);
}
```

运行情况如下：

```
a✓
letter:a,ASCII=97
letter:A,ASCII=65
```

用 getchar()函数从键盘上输入小写字母"a"，赋给变量 ch1，将 ch1 经过运算(ch1-32)把小写字母'a'转换为大写字母'A'赋给变量 ch2，然后分别用字符形式和整数形式输出变量 ch1 和 ch2 的值。

【例 3.6】输入三角形的三边长，求三角形的面积。

分析：为了简便起见，设输入的三个边长能构成三角形，根据数学知识可知求三角形的面积公式为

$$area = \sqrt{s(s-a)(s-b)(s-c)}$$

注：公式中 s=(a+b+c)/2。

程序如下：

```
#include <stdio.h>
#include <math.h>
void main()
{
    float a, b, c, s, area;
    scanf("%f,%f,%f", &a, &b, &c);
    s = (a + b + c) / 2;
    area = sqrt(s*(s-a)*(s-b)*(s-c)); /*调用数学函数库中求平方根的函数 sqrt()*/
    printf("a=%7.2f\nb=%7.2f\nc=%7.2f\narea=%7.2f\n", a, b, c, area);
}
```

运行情况如下：

```
3.4,4.5,5.6✓
a=   3.40
b=   4.50
c=   5.60
```

area=␣␣␣7.65

用 scanf()函数从键盘上获取 a、b、c 三个边长值，然后根据公式 s=(a+b+c)/2 求出 s 的值，最后调用求平方根函数 sqrt()求出面积 area，并且用 printf()函数将结果输出。此处注意调用数学函数库中的函数 sqrt()时，必须在程序的开头加一条#include 命令，将头文件<math.h>包含到程序中。

【例 3.7】从键盘输入一个 4 位正整数 a，求出其各位数字之和 s。

分析：输入的为一个 4 位正整数，求出其各位数字之和，其主要问题就是将该数的个位、十位、百位和千位数分离出来相加求和即可。

程序如下：

```c
#include <stdio.h>
void main()
{
    int a, b3,b2,b1,b0,s;
    scanf("%d",&a);
    b0=a%10;
    b1=a/10%10;
    b2=a/100%10;
    b3=a/1000;
    s=b3+b2+b1+b0;
    printf("s=%d\n",s);
}
```

运行情况如下：
4256
s=17

请读者自己分析程序的运行情况。

【例 3.8】从键盘输入两个整数赋给变量 a 和 b 并输出，然后将其变量 a 和 b 的值交换后再输出。

分析：程序中要交换 a 和 b 的值，不能简单地用"a=b; b=a"两条语句来实现，因为，当执行 a=b 是把 b 的值赋给 a，原先 a 的值就被冲掉了，接下来再执行 b=a，就又把新的 a 值赋给了 b，结果 a 和 b 的值都是原 b 的值，并不能实现交换。因此，需增设第三个变量 t，先将 a 的值装入到第三变量 t 中，再将 b 的值赋给 a，最后再把 t 的值赋给 b，才能正确实现交换 a 和 b 变量的值。

程序如下：

```c
#include <stdio.h>
void main()
{
    int a,b,t;
    printf("Enter a , b: ");
    scanf("%d,%d",&a,&b);
    printf("a=%d,b=%d\n",a,b);
    t=a;
```

```
        a=b;
        b=t;
        printf("a=%d,b=%d\n",a,b);
}
```

运行情况如下：

```
42,96
a=42,b=96
a=96,b=42
```

3.7 上机实训

1．实训目的

(1) 掌握赋值语句的使用方法。
(2) 掌握格式输出函数 printf()和格式输入函数 scanf()的使用方法。
(3) 掌握字符输出函数 putchar()和字符输入函数 getchar()的使用方法。
(4) 掌握顺序结构程序设计的基本思想和编写方法。
(5) 了解程序设计的三种基本结构。

2．实训内容

实训 1 编写程序，使得该程序运行后显示下面的内容：

```
life is dear indeed,
love is priceless too,
but for freedom's sake,
I may part with the two.
```

实训 2 用格式控制符打印下面的图形：

```
         *
        ***
       *****
      *******
```

实训 3 编写程序，输入一个华氏温度(F)，按下面的公式计算并输出对应的摄氏温度(C)。计算公式为 C=5(F-32)/9。

实训 4 编写程序，实现从键盘输入某个学生三门课的考试成绩(以百分制计算)，然后计算并输出该学生的考试总成绩、平均成绩(保留一位小数)。

实训 5 若 a、b、c 表示三角形的三边长，令 l=(a+b+c)/2，则有

三角形面积：$s = \sqrt{l(l-a)(l-b)(l-c)}$

最大内切圆半径：$r_i = s/l$

最小外接圆半径：$r_o = abc/(4s)$

编写程序，实现从键盘输入三个正实数(假设它们满足构成三角形三边的条件)，计算

并输出该三角形的面积、最大内切圆面积以及最小内切圆面积。

实训 6 编写程序，用 getchar()函数读入两个字符给 c1、c2，然后分别用 putchar()函数和 printf()函数输出这两个字符，思考以下问题。

(1) 变量 c1、c2 应定义为字符型还是整型，或两者均可？

(2) 要求输出 c1 和 c2 的 ASCII 码，应如何处理，用 putchar()函数还是 printf()函数？

(3) 整型变量与字符变量是否在任何情况下都可以相互替代，例如 char c1, c2;与 int c1, c2;是否无条件等价？

3. 实训总结

通过本章的上机实训，学生应该能够掌握 C 语言中常量、变量的定义方法；掌握顺序结构程序设计方法；掌握格式输出函数 printf()和格式输入函数 scanf()的使用方法和输入/输出中的格式设置；掌握字符输出函数 putchar()和字符输入函数 getchar()的使用方法。

习 题

一、填空题

(1) 若定义 "float x=1.23444355;"，则 "printf("%f\n", x);" 的输出结果为_____。

(2) 标准 C 的所有输入/输出函数都包含在头文件_____中。

(3) 设 "a=3，b=4，c=5"，若有语句 "scanf("a=%d:b=%d, c=%d", &a, &b, &c);"，则正确的输入格式为_____。

(4) 设已说明：

```
int i=65, j=66;
char ch1='A', ch2='B';
```

则执行下列语句的输出结果为_____。

```
printf("%d,%d,%c,%c", i, j, ch1, ch2);
printf("%c,%c,%d,%d", i, j, ch1, ch2);
```

(5) 设有语句 "scanf("%c%c%c", &c1, &c2, &c3);"，若 c1、c2、c3 的值分别为 a、b、c，则正确的输入方法为_____。

二、选择题

(1) 能正确定义整型变量 a 和 b，并为它们赋初值 5 的语句是( )。

    A. a=b=5   B. int a, b=5;

    C. int a=b=5;   D. int a=6, b=5;

(2) 以下程序语句的输出结果是( )。

```
int u=020, v=0x20, w=20;
printf("%d%d%d", u, v, w);
```

    A. 16, 32, 20   B. 20, 20, 20

    C. 16, 16, 20   D. 32, 16, 20

(3) 以下程序语句的输出结果是( )。

```
char c1='a', c2='c';
printf("%d%c", c2-c1, c2-'a'+'c');
```

A. 2, m　　　　　　　　　　　　B. 3, E

C. 2, e　　　　　　　　　　　　D. 格式控制与输出项不一致，结果不确定

(4) 下列程序的执行结果是( )。

```
main()
{
    int a=100, b;
    b = a++>100 ? a+100 : a+200;
    printf("%d%d", a, b);
}
```

A. 101　201　　　　　　　　　　B. 101　301

C. 100　200　　　　　　　　　　D. 100　300

(5) 下列程序的输出结果是( )。

```
main()
{
    int a, b, c=241;
    a = c/100%9;
    b = 1&&-1;
    printf("a=%d,b=%d", a, b);
}
```

A. 2, 0　　　　　　　　　　　　B. 2, 1

C. 6, 1　　　　　　　　　　　　D. 0, 1

(6) 执行下面的程序语句后，a 的值是( )。

```
main()
{
    int a = 5;
    printf("%d\n", (a=3*5,a*4,a+5));
}
```

A. 65　　　　　　　　　　　　　B. 20

C. 15　　　　　　　　　　　　　D. 10

(7) 执行下列程序片段时输出的结果是( )。

```
int x = 10;
x += 3+x%(-3);
printf("%d", x);
```

A. 11　　　　　　　　　　　　　B. 12

C. 14　　　　　　　　　　　　　D. 15

(8) 设有定义语句 "int x; float y;"，当执行 "scanf("%3d%f', &x, &y);" 语句时，从第一列输入数据 12345⊔678↙(⊔表示空格,↙表示回车)，则 y 的值是(   )。

A. 123.0 B. 678.0
C. 45.678 D. 45.0

(9) 以下程序的输出结果是(   )。

```
main()
{
    double d;  float f;  long m;  int I;
    I=f=m=d=20/3;
    printf("%d%ld%.lf%.lf\n", I, m, f, d);
}
```

A. 6   6   6.000000   6.000000
B. 6   6   6.7   6.000000
C. 6   6   6.000000   6.7
D. 6   6   6.7   6.7

(10) 已知字母 A 的 ASCII 码值为十进制数 65，下面程序的输出结果是(   )。

```
main()
{
    char ch1, ch2;
    ch1 = 'A' + '5' - '3';
    ch2 = 'A' + '6' - '3';
    printf("%d, %c\n", ch1, ch2);
}
```

A. 67, D   B. 67, C
C. B, C   D. C, D

三、编程题

(1) 编程将两个 2 位的正整数 a、b 合并成一个 4 位正整数 c，合并的方式是：将 a 数的十位和个位依次放在 c 数的千位和十位上，b 数的十位和个位依次放在 c 数的百位和个位上(例如，当 a=38，b=27 时，输出结果 c=3287)。

(2) 从键盘上输入三个点的坐标值(1,1)、(2,4)、(3,2)，编程求该三角形的面积。已知两坐标(x_1, y_1)、(x_2, y_2)间的长度(即边长)公式是：$\sqrt{(x_1-x_2)^2+(y_1-y_2)^2}$。

(3) 从键盘输入正方形的边长，编程求该正方形及其外接圆和内切圆的面积。已知内切圆的半径 $r_1=\dfrac{a}{2}$，外接圆的半径 $r_2=\dfrac{\sqrt{2}a}{2}$。

(4) 输入一个 4 位正整数，以相反的次序输出，例如，输入 1234，输出为 4321。

第 4 章　选择结构程序设计

【本章要点】

本章主要介绍程序流程图和选择结构程序设计的基本概念，以及 if 语句和 switch 语句的使用，要求重点掌握选择结构程序设计的基本思想及程序编写方法，能够画出简单程序的流程图，并且能够按照流程图来编写程序。

选择结构又称分支结构，在一些实际问题的程序设计中，可根据输入数据和中间结果的不同情况选择不同的语句组执行，在这种情况下，必须根据某个变量或表达式的值作出判断，然后决定执行哪些语句和不执行哪些语句。

C 语言提供了两种类型的选择结构。

- 条件选择结构：根据给定的条件表达式进行判断，决定执行某个分支中的程序段。
- 开关选择结构：根据给定的整型表达式的值进行判断，然后决定执行多个分支中的某一个分支。

条件选择结构主要用于两个分支的选择，由 if 语句来实现；开关选择结构用于多个分支的选择，由 switch 语句来实现。

4.1　程序流程图

程序流程图是使用一些图框来表示程序的各种操作，直观形象，便于理解。现在软件开发人员普遍使用的流程图图框是美国国家标准化协会 ANSI(American National Standard Institute)发布的，其主要流程图符号如图 4.1 所示。

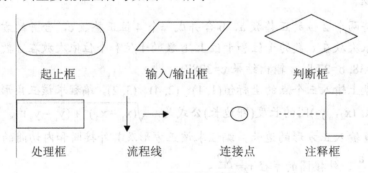

图 4.1　主要流程图符号

由图 4.1 所示符号绘制的流程图称为传统流程图。

1973 年，美国学者 I.Nassi 和 B.Sneiderman 提出了一种新的流程图形式，在这种流程图中，完全去掉了带箭头的流程线，全部算法写在一个矩形框内，在该框内还可以包含其他从属于它的框，这种流程图称为 N-S 结构化流程图(N 和 S 是这两位美国学者的英文姓氏的首字母)。这种流程图适于结构化程序设计,而且作图简单,占空间少,一目了然,因此很受欢迎。N-S 图中使用的流程图符号如图 4.2 所示。

 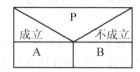 

图 4.2　N-S 图中使用的流程图符号

下面举例说明如何使用程序流程图和 N-S 图来表示程序的执行过程。

【例 4.1】求 10!的程序。

解题思路:由于 n! = n*(n-1)!,即 10! = 10*9!,9! = 9*8!,…,2! = 2*1!,1! = 1,因此可以设置两个变量,一个变量为递增变量(如图 4.3 中的变量 i),从 2 一直递增到 10;另一个为阶乘变量(如图 4.3 中的变量 n),其初始值为 1,即 1!,它在递增变量递增前与之相乘,获得当前阶乘,随着递增变量的增加,最后获得 10!。其传统流程图和 N-S 图如图 4.3 所示。

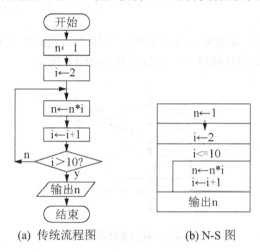

(a) 传统流程图　　　　(b) N-S 图

图 4.3　求 10!的程序的传统流程图和 N-S 图

在图 4.3(a)所示的流程图中,"开始"和"结束"是起止框;"i>10"为判断框;"输出 n"为输出框;其他的处理框和流程线都比较直观。

程序流程图是设计程序的好帮手,但需要注意的是,流程线必须要有箭头,因为它的箭头方向反映程序中相应语句执行的先后顺序,相同的语句,执行的先后顺序不同,其执行结果一般情况下不同。熟练以后,我们可将流程图中的"n←1"直接写成"n=1"。

对初学者来说,使用程序流程图表示程序比较直观形象,它能清晰地表示各个图框之间的逻辑关系。

随着对程序设计的熟悉,人们一般更多地使用右边的 N-S 图,因为它省略了流程线,使流程图更加简便。在程序编写前,一般先画程序流程图或 N-S 图,因此它在程序员的编程实践中起着重要的作用。

4.2 if 语句

if 语句是 C 语言中用于实现条件选择结构的语句,它根据一个逻辑表达式或关系表达式的值(真或假),在执行动作时做出选择,有条件地执行某个分支的一组程序段。

4.2.1 if 语句的三种格式

if 语句在 C 语言中有以下三种基本格式。

1. 单分支选择结构

单分支选择结构是最简单的 if 语句,只有一个选择分支,其一般形式如下:

if(表达式)
{ 语句; }

if 语句的执行过程是:先求解表达式的值,如果表达式的值为真(非 0),就执行语句;否则直接执行 if 语句后面的其他语句。执行过程如图 4.4 所示。

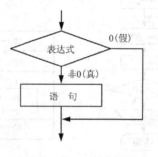

图 4.4　单分支选择结构

【例 4.2】求所输入数值的绝对值。

解题思路:求所输入数值的绝对值时,首先应该清楚——正数和零的绝对值是其本身,负数的绝对值是其相反数。对于所输入的数值,首先判断其是否为负数(即是否小于 0),若为负数,则取其相反数;否则不予处理。具体的程序代码如下:

```c
#include "stdio.h"
main()
{
    float score;
    printf("Please input a score:\n");
    scanf("%f", &score);            /* 输入数值 */
    if (score < 0) score = -score;  /* 若输入数值为负数,则取反 */
    printf("The result is: %3.2f\n", score);
}
```

该程序的运行结果如下:

```
Please input a score:
-0.01↙
The result is: 0.01
Please input a score:
0.0↙
The result is: 0.00
Please input a score:
0.01↙
The result is: 0.01
```

【例 4.3】比较输入的三个数值的大小，最后以升序输出。

解题思路：对于输入的三个数值，最后要以升序输出，即三个数按照先小后大的顺序输出，须让三个数值两两比较三次，在每次比较的过程中，若第一个数值大于第二个数值，则交换彼此的数值，三次比较完成后，三个数值即符合升序要求。

其具体的程序代码如下：

```c
#include "stdio.h"
void main()
{
    float x, y, z, temp;
    printf("Please input three number:\n");
    scanf("%f,%f,%f", &x, &y, &z);
    if (x > y)
    {                          /* x 和 y 的比较互换操作 */
        temp = x;
        x = y;
        y = temp;
    }
    if (x > z)
    {                          /* x 和 z 的比较互换操作 */
        temp = x;
        x = z;
        z = temp;
    }
    if (y > z)
    {                          /* y 和 z 的比较互换操作 */
        temp = y;
        y = z;
        z = temp;
    }
    printf("The sequence is: %3.1f,%3.1f,%3.1f\n", x, y, z);
}
```

该程序的运行结果如下：

```
Please input three number:
60.1,60,59.9↙
The sequence is: 59.9,60.0,60.1
```

2. 双分支选择结构

双分支选择结构是 if 语句的标准格式，它的一般形式如下：

if(表达式)
{ 语句1; }
else
{ 语句2; }

上面 if 语句的执行过程是：先求解表达式的值，如果表达式的值为真(非 0)，就执行语句 1；若表达式的值为假(值为 0)，就执行语句 2。执行过程如图 4.5 所示。

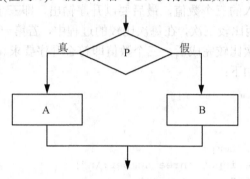

图 4.5 双分支选择结构

【例 4.4】判断所输入的学生成绩是否及格。

解题思路：本题要求判断所输入的学生成绩是否及格，即该成绩是否大于等于 60(注意 60 分也是及格)。这个问题简单，只需要将输入的学生成绩与 60 作一次比较，就可以得出结论：该成绩大于等于 60 为及格，否则为不及格。

其具体的程序代码如下：

```
#include "stdio.h"
void main()
{
    float score;
    printf("Please input a score:\n");
    scanf("%f", &score);
    if (score >= 60)
        printf("Congratulation!\n");
    else
        printf("Sorry!\n");
}
```

该程序的运行结果如下：

```
Please input a score:
60.1↙
Congratulation!
Please input a score:
60↙
```

```
Congratulation!
Please input a score:
59.9↙
Sorry!
```

3. 多重选择结构

多重选择结构用于有多种情况需要选择的程序，其一般形式如下：

```
if(表达式 1) { 语句 1; }
else  if (表达式 2) { 语句 2; }
else  if (表达式 3) { 语句 3; }
...
else  if (表达式 n) { 语句 n; }
else  { 语句 n+1; }
```

上面 if 语句的执行过程是：先求解表达式 1 的值，如果表达式 1 的值为真(非 0)，就执行语句 1；否则(表达式 1 的值为假)就求解表达式 2 的值，如果表达式 2 的值为真(非 0)，就执行语句 2；否则(表达式 2 的值为假)就求解表达式 3 的值……否则就求解表达式 n 的值，如果表达式 n 的值为真(非 0)，就执行语句 n；否则(表达式 n 的值为假)，就执行语句 n+1。执行过程如图 4.6 所示。

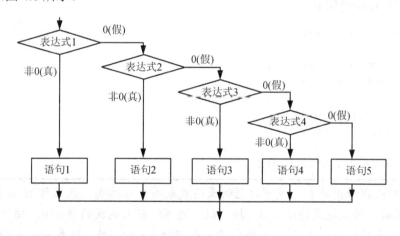

图 4.6 多重选择结构

【例 4.5】判断所输入的学生成绩的等级，具体要求如表 4.1 所示。

表 4.1 学习成绩的等级

学生成绩	90～100	80～89	70～79	60～69	0～59
成绩等级	A	B	C	D	E

解题思路：对于输入的学生成绩，可按照上表分为 5 个等级，这 5 个等级将百分制对应地分为 5 个区域 90～100、80～89、70～79、60～69 和 0～59，且这 5 个区域彼此互不相交，可使用 if 语句的分支选择结构来解决。

其相应的程序代码如下：

```c
#include "stdio.h"
void main()
{
    float score;
    char grade;
    printf("Please input a score:\n");
    scanf("%f", &score);
    if(score >= 90)
     grade = 'A';                    /* 成绩>=90，等级为 A */
    else if (score >= 80)            /* 80<=成绩<90，等级为 B */
        grade = 'B';
    else if (score >= 70)            /* 70<=成绩<80，等级为 C */
        grade = 'C';
    else if (score >= 60)            /* 60<=成绩<70，等级为 D */
        grade = 'D';
    else                             /* 成绩<60，等级为 E */
        grade = 'E';
    printf("The grade of %f is: %c\n", score, grade);
}
```

该程序的运行结果如下：

```
Please input a score:
95.5✓
The grade of 95.500000 is:A
Please input a score:
86.3✓
The grade of 86.300000 is:B
Please input a score:
20✓
The grade of 20.000000 is:E
```

> **注意**：① if 后面括号内的表达式可为逻辑表达式或关系表达式，在执行 if 语句时先对表达式求解，若表达式的值为0，按"假"处理；若表达式的值非0，按"真"处理。
> ② 语句之后的分号";"是 if 语句的组成部分，不能省略。注意 else 前面也有分号，每个语句的结束处也要有一个分号。分号是 C 语言中程序语句不可缺少的一部分，若一条语句没有分号，则会出现语法错误。
> ③ 如果 if 语句后是由多个语句组成的，则必须用大括号括起来，否则只执行第一条语句。
> ④ else 语句不能作为语句单独使用，它必须作为 if 语句的一部分，与 if 语句配对使用。

4.2.2 if 语句的嵌套

一个 if 语句内部也可以包含其他的一个或多个 if 语句，这称为 if 语句的嵌套，注意 else

总是与其前面最近的 if 配对。
一般形式如下:

```
if(表达式 1)
    if(表达式 11) 语句 11;
    else 语句 12;
else
    if(表达式 2) 语句 21;
    else 语句 22;
```

其中,要注意以下两种 if 语句结构的差别。

```
/*第一种*/
if(表达式 1)
    if(表达式 11) 语句 11;
    else 语句 12;

/*第二种*/
if(表达式 1)
{ if(表达式 11) 语句 11; }
else 语句 12;
```

上面第一种之中的 else 语句对应的是条件表达式 11 前面的 if 语句,当条件表达式 1 为真且条件表达式 11 为假时,else 后的语句 12 才执行;而第二种之中的 else 语句和条件表达式 1 前面的 if 语句对应,当条件表达式 1 为假时,else 后的语句 12 就会执行。显然,两个 else 语句的意义完全不同。下面通过一个例子来说明这两种不同结构的 if 语句嵌套。

【例 4.6】任意输入三个整数 a、b、c,对于输入的三个整数,使用 result11 和 result21 来表示三个整数的乘积,使用 result12 和 result22 来表示三个整数的和。在下面程序中使用两种不同结构的嵌套 if 语句,最后将相应的"和"或"积"的数值输出,以此来说明嵌套 if 语句的两种不同结构。其具体的程序代码如下:

```
#include "stdio.h"
void main()
{
    int a, b, c;
    int result11=0, result12=0, result21=0, result22=0;
    scanf("%d,%d,%d", &a, &b, &c);
    if(a > b)                        /* 第一种 if 语句的嵌套 */
        if(b>c) result11 = a*b*c;
        else result12 = a+b+c;
    printf("The result11 is: %d\n", result11);
    printf("The result12 is: %d\n", result12);
    if(a > b)                        /* 第二种 if 语句的嵌套 */
    { if(b>c) result21 = a*b*c; }
    else result22 = a+b+c;
    printf("The result21 is: %d\n", result21);
    printf("The result22 is: %d\n", result22);
}
```

本程序的执行结果数据如表 4.2 所示。

表 4.2 执行结果数据

输入数据	对应的赋值	result11	result12	result21	result22
2, 6, 8	a=2; b=6; c=8	0	0	0	16
2, 8, 6	a=2; b=8; c=6	0	0	0	16
8, 2, 6	a=8; b=2; c=6	0	16	0	0
6, 2, 8	a=6; b=2; c=8	0	16	0	0
6, 8, 2	a=6; b=8; c=2	0	0	0	16
8, 6, 2	a=8; b=6; c=2	96	0	96	0

从程序的运行结果可以看出,这两种 if 语句嵌套结构是截然不同的。其中值得注意的一点是,当条件表达式 1 和条件表达式 11 都满足的时候,两者的执行结果相同,但其中 else 语句所配套的 if 语句仍然是不相同的,其所代表的意义也不一样。请读者自己认真分析程序的运行结果,进一步理解 if 语句的嵌套。

4.3 多分支选择语句(switch 语句)

在日常生活中,经常会遇到"分类"统计问题,例如学生成绩等级(90 分及以上为 A 级、80～89 为 B 级、70～79 为 C 级……)、人口统计分类(按年龄可分为老、中、青、少、儿童)、银行存贷款分类、职工工资统计分类等。

由于一个完整的 if 语句只有两个分支,以上情况必须使用嵌套 if 语句,但嵌套层次太多时,程序的结构非常复杂,阅读和修改都比较困难。对此,C 语言中提供了多分支选择语句——switch 语句来解决多分支选择问题。

switch 语句可在许多不同的语句组之间做出选择,它常与 break 语句联合使用。其中,break 语句用于转换程序的流程,可以在当前运行的程序中退出 switch 语句,转而执行 switch 语句后面的其他程序语句。

switch 语句的一般形式如下:

```
switch(表达式)
{
    case  常量表达式1:      语句组1; break;
    case  常量表达式2:      语句组2; break;
             ⋮                    ⋮
    case  常量表达式n:      语句组n; break;
    default:                语句组n+1;
}
```

它的执行过程是:先求解表达式的值,如果表达式的值为常量表达式 1,就执行语句组 1;否则若表达式的值为常量表达式 2,就执行语句组 2……否则若表达式的值为常量表达式 n,就执行语句组 n;如果表达式的值不等于常量表达式 1、常量表达式 2……常量表达式 n，就执行语句组 n+1，如图 4.7 所示。

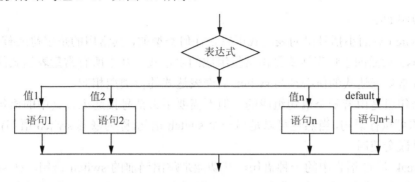

图 4.7 switch 语句的执行流程

下面通过一个例子来说明 switch 语句的典型应用。

【例 4.7】根据输入的成绩等级 A、B、C、D 来对应输出相应的说明：super excellence(优秀)、excellence(良好)、middling(中等)和 pass(及格)，其他输入都为 failure(不及格)。

解题思路：对于 A、B、C、D 四个成绩等级，其对应的文字说明为"优秀"、"良好"、"中等"和"及格"，显然可以使用 switch 语句，其他输入对应的"不及格"可使用 default 语句。其相应的程序代码如下：

```c
#include "stdio.h"
void main()
{
    char grade;
    printf("Please input the grade of score:\n");
    scanf("%c", &grade);
    printf("The information of %c is: ", grade);
    switch(grade)
    {
        case 'A': printf("super excellence \n"); break;  /* A对应"优秀" */
        case 'B': printf("excellence \n"); break;        /* B对应"良好" */
        case 'C': printf("middling \n"); break;          /* C对应"中等" */
        case 'D': printf("pass\n"); break;               /* D对应"及格" */
        default: printf("failure \n");                   /* 其他为"不及格" */
    }
}
```

程序的执行结果如下：

```
Please input the grade of score:
A✓
The information of A is: super excellence
Please input the grade of score:
B✓
The information of B is: excellence
Please input the grade of score:
F✓
```

```
The information of A is: failure
```

相关说明如下。

(1) switch 后面小括号里的表达式可以是任何类型的，其常用的是字符或整型表达式。

(2) case 后面的常量表达式是由常量组成的表达式，其中所有常量表达式的值必须互不相同，且常量表达式的值必须与 switch 后面表达式的值类型相同。

(3) 语句组是由若干个语句组成的，但不需要用大括号括起来，其中的语句可以是任何 C 语言的可执行语句，当然也可以是另一个 switch 语句(称为嵌套 switch 语句)，即 switch 语句也可以嵌套使用。

(4) break 是 C 语言中的一种语句，其功能是跳出当前的 switch 语句。在 switch 语句中，当执行某个语句组后，后面若有 break，便退出该 switch 语句。如果省略了 break 语句，则执行完某个语句组后，将连续执行其后的语句组，直至遇到下一个 break 语句。如果后面没有 break 语句，则一直执行到 switch 语句的最后一个语句。

(5) 在书写格式上，所有的 case 应对齐，每个 case 后的语句缩格并对齐，以方便看出各个分支的条件依据和应执行的操作。

(6) 注意 case 和常量表达式之间要有空格。

(7) 当 switch 后面表达式的值与某个 case 后面常量表达式的值一致时，就会执行该 case 后面的语句组；若所有 case 后面常量表达式的值和 switch 后面表达式的值都不相同时，便执行 default 后面的语句组。

(8) default 语句可以省略。

(9) case 和 default 语句的出现次序是任意的，可以变换位置，这并不影响 switch 的功能。如可以先出现 "default: ..."，再出现 "case 'B': ..."，然后是 "case 'A': ..."。

(10) 可将相同操作的 case 语句及对应的常量表达式连续排列，其对应操作的语句组及 break 只在最后一个 case 语句后出现。其语句格式如下：

```
switch(表达式)
{
    case 常量表达式 1:
    case 常量表达式 2:
    case 常量表达式 3:           语句组 1; break;
            ⋮                      ⋮
    case 常量表达式 n-1:
    case 常量表达式 n:           语句组 n; break;
    default:                     语句组 n+1;
}
```

其中，switch 后面表达式的值等于 case 后面常量表达式 1、2、3 的值时，执行的操作都是语句组 1；而 switch 后面表达式的值等于常量表达式 n-1 或 n 的值时，执行的操作都是语句组 n。这种情形可通过下面的例子来说明。

【例 4.8】对于输入的成绩等级 A 和 B，相应地输出为"良好"，C 和 D 对应着"及格"，其他输入都为"不及格"。

解题思路：本题主要考查 break 语句的用法，switch 语句可对不同的常量表达式执行相同的语句组，其中主要就是 break 语句的灵活运用。本题中对于不同的成绩等级，如 A 和 B，其对应输出为"良好"便符合 switch 语句的这种情况。具体的程序代码如下：

```c
#include "stdio.h"
void main()
{
    char grade;
    printf("Please input the grade of score: \n");
    scanf("%c", &grade);
    printf("The information of %c is: ", grade);
    switch(grade)
    {
        case 'A':
        case 'B': printf("excellence \n"); break;    /* A、B对应"良好" */
        case 'C':
        case 'D': printf("pass \n"); break;          /* C、D对应"及格" */
        default : printf("failure \n");              /* 其他为"不及格" */
    }
}
```

程序的执行结果如下：

```
Please input the grade of score:
C✓
The information of C is: pass
Please input the grade of score:
D✓
The information of D is: pass
Please input the grade of score:
F✓
The information of F is: failure
```

此外，需要注意的一种情况是，若 case 'A'和 case 'C'后面也有相应的语句，但这些语句中没有 break，便是另一种情形，如下例所示。

【例 4.9】case 后语句组不为空，但缺少 break 语句的情形。

解题思路：本题的本质与例 4.8 相同，只是在操作语句上增加了一些(注意例 4.8 中有的 case 语句后的语句组为空)，读者可根据具体的题目要求灵活使用 break 语句及增加语句组中的代码。其具体的程序代码如下：

```c
#include "stdio.h"
void main()
{
    char grade;
    printf("Please input the grade of score:\n");
    scanf("%c", &grade);
    printf("The information of %c is: ", grade);
    switch(grade)
    {
```

```
        case 'A': printf("super excellence \n");
        /* case 'A'后没有break 语句 */

        case 'B': printf("excellence \n"); break;
        case 'C': printf("middling \n");   /* case 'C'后没有break 语句 */
        case 'D': printf("pass \n"); break;
        default: printf("failure \n");
    }
}
```

程序的执行结果如下：

```
Please input the grade of score:
A↙
The information of A is: super excellence excellence
Please input the grade of score:
B↙
The information of B is: excellence
Please input the grade of score:
C↙
The information of C is: middling pass
Please input the grade of score:
D↙
The information of D is: pass
Please input the grade of score:
F↙
The information of F is: failure
```

请注意例 4.7、例 4.8 和例 4.9 的区别与联系，重点关注 break 的用法和作用。

上文提到 switch 语句是可以嵌套的，即一个 switch 语句中可以包含另一个 switch 语句，在此利用一个例子来说明嵌套 switch 语句在实际中的应用。

【例 4.10】将 5 级分制转换成 100 分制输出，其对应要求如表 4.3 所示。

表 4.3 将 5 级分制转换成 100 分制

5 级分制	5+	5	5-	4+	4	4-	3	2	1
100 分制	100	90	85	80	75	70	60	50	<50

解题思路：对于表 4.3 所示内容，将 5 级分制的数值输出成 100 分制的对应数值，考虑使用 switch 语句，但是题中 5 级分制里有"5+，5，5-"三级和"4+，4，4-"三级，即对于输入相同的 5 或 4，还分别有对应的三个选择分支，即考虑使用嵌套的 switch 语句，则问题得到解决。其相应的程序代码如下：

```
#include "stdio.h"
void main()
{
    char ch1, ch2;
```

```
    scanf("%c%c", &ch1, &ch2);      /* 输入两个字符 */
    switch(ch1)                     /* 判断第一个字符 */
    {   case '5':
        switch(ch2)                 /* 判断第二个字符 */
        {
          case '+':                 /* 第二个字符为'+'，表示对应得分为 100 */
            printf("score=100\n"); break;
          case '\n':                /* 第二个字符为回车符，表示对应得分为 90 */
            printf("score=90\n"); break;
          case '-':                 /* 第二个字符为'-'，表示对应得分为 85 */
            printf("score=85\n"); break;
        }
        break;
     case '4':                      /* 第一个字符为 4 */
        switch(ch2)
         {case '+':                 /* 第二个字符为'+'，表示对应得分为 80 */
            printf("score=80\n"); break;
          case '\n':                /* 第二个字符为回车符，表示对应得分为 75 */
            printf("score=75\n"); break;
          case '-':                 /* 第二个字符为 '-'，表示对应得分为 70 */
            printf("score=70\n"); break;
         }
        break;
     case '3':                      /* 第一个字符为 3，表示对应得分为 60 */
        printf("score=60\n"); break;
     case '2':                      /* 第一个字符为 2，表示对应得分为 50 */
        printf("score=50\n"); break;
     case '1':                      /* 第一个字符为 1，表示对应得分小于 50 */
        printf("score<50\n"); break;
     default:                       /* 其他输入给出错误提示 */
        printf("Input error!\n");
    }
}
```

该程序的执行结果如下：

```
5+↙
score=100
5↙
score=90
4+↙
score=80
4↙
score=75
4-↙
score=70
1↙
score<50
```

```
what? ↙
Input error!
```

> **注意**：在外层 switch(ch1)语句的前两个分支 case '5'和 case '4'的内层，switch 语句后均有一个 break 语句，读者可以分析它们的作用。如果去掉这两个 break 语句，运行程序时会出现什么变化呢？

> **提示**：这两个 break 语句的作用是中断 case '5'和 case '4'分支的，从而跳出顶层的 switch 结构，如果没有它们，该程序就会继续执行后面的分支(可参考例 4.9)。

4.4 程序综合举例

【例 4.11】判断输入的某一年是否是闰年，将结果输出。

> **提示**：年份为闰年的条件有(不符合以下两个条件之一的年份都不是闰年)：
> ① 该年份能被 4 整除，但不能被 100 整除，例如 2004 年、2008 年及 2016 年等。
> ② 该年份能被 400 整除，如 1200 年、1600 年、2000 年等。

解题思路：该题要求判断所输入的年份是否为闰年，通过提示能够了解到，满足①或②中的任意一条，该年份便为闰年，否则该年份不是闰年，显然，本题可使用 if 语句判断，其判断的条件为①和②。仔细分析这两个条件，便可发现实际上就是三个数的整除问题，即是否能够被 4 整除，是否能够被 100 整除，是否能够被 400 整除，在解答中分别用 flag1、flag2 和 flag3 表示三个数是否能够被年份整除，知晓①和②之间的关系为"或"后，本题便迎刃而解。其具体的程序代码如下：

```c
#include "stdio.h"
void main()
{
    int year;
    printf("Please input a year: \n ");
    scanf("%d", &year);                                    /*输入年份*/
    if((year%4)==0)&&(year%100)!=0)||(year%400)==0)   /*判断年份是否为闰年*/
        printf("%d year is a leap year!\n", year);
    else
        printf("%d year is not a leap year!\n", year);
}
```

该程序的运行结果如下：

```
Please input a year:
1600↙
1600 year is a leap year!
Please input a year:
2011↙
```

2011 year is not a leap year!

【例4.12】输入一个无符号短整数,然后按用户输入的代号,分别以十进制(代号 d)、八进制(代号 o)、十六进制(代号 x)数输出。

解题思路:对于本题,从题意中可了解,本例有两个输入数据,第一个为无符号短整数,第二个为进制代号,注意本例中的进制代号有三种,即 d、o 和 x。对于相同的无符号短整数,可根据输入的对应进制代号输出不同的数值。其具体的程序代码如下:

```
#include "stdio.h"
void main()
{
    unsigned short x;
    char c;
    scanf("%d,%c", &x, &c);         /*输入一个无符号整数和进制代号*/
    switch(c)                        /*判断对应的进制代号*/
    {
    case 'd':
        printf("%d\n", x);           /*进制代号为 d,输出对应的十进制数*/
        break;
    case 'o':
        printf("%o\n", x);           /*进制代号为 o,输出对应的八进制数*/
        break;
    case 'x':
        printf("%x\n", x);           /*进制代号为 x,输出对应的十六进制数*/
        break;
    default:
        printf("Input error!\n");    /*进制代号错误提示*/
    }
}
```

该程序的运行结果如下:

6,d↙
6
6,o↙
6
6,x↙
6
6,c↙
Input error!
26,d↙
26
26,o↙
32
26,x↙
1a

【例4.13】对于输入的三个数值 x、y 和 z,判断它们可否构成一个三角形,若它们可以构成一个三角形，则输出该三角形的周长和面积。

解题思路：对于输入的三个数值判断可否构成一个三角形，首先必须明确三角形三条边的边长之间的关系，即两边之和大于第三边，并且两边之差小于第三边；三角形的周长容易求，对于三角形的面积，则应知道边长分别为 x、y、z 的三角形面积 $s = \sqrt{a \times (x-a) \times (y-a) \times (z-a)}$，其中 $a = \dfrac{x+y+z}{2}$。其具体的程序代码如下：

```c
#include "stdio.h"
#include "math.h"
void main()
{
    float x, y, z, a, lg, area;
    float flag1, flag2, flag3;
    float numx, numy, numz;
    printf("Please input three number:");
    scanf("%f,%f,%f", &x, &y, &z);
    if(x >= y) flag1 = x-y;
    else flag1 = y-x;
    if(x >= z) flag2 = x-z;
    else flag2 = z-x;
    if(y >= z) flag3 = y-z;
    else flag3 = z-y;
    if((x+y>z&&x+z>y&&y+z>x) && (flag1<z&&flag2<y&&flag3<x))
                                        /*可以构成三角形*/
    {
        printf("These three number can form a triangle !\n");
        lg = x+y+z;                     /*计算三角形的周长*/
        a = lg/2;
        if((x-a) > 0) numx = x-a;
        else numx = a-x;
        if((y-a)>0) numy = y-a;
        else numy = a-y;
        if((z-a) > 0) numz = z-a;
        else numz = a-z;
        area = sqrt(a*numx*numy*numz);  /*计算三角形的面积*/
        printf("The girth of this triangle is %f and the area is %f !\n",
            long, area);
    }
    else                                /*不能构成三角形*/
    {
        printf("These three number can not form a triangle !\n");
    }
}
```

该程序的运行结果如下：

```
Please input three number:6.2,8.5,7.9↙
These three number can form a triangle !
The girth of this triangle is 22.600000 and the area is 23.423016 !
```

```
Please input three number:1,12,17↙
These three number can not form a triangle !
```

【例 4.14】 二元一次方程 $ax^2 + bx + c = 0$ 的求解问题。

解题思路：根据二元一次方程 $ax^2 + bx + c = 0$ 的性质，可知

(1) 当 $b^2 - 4ac = 0$ 时，该方程有两个相等的实数根 $x_1, x_2 = -\dfrac{b}{2a}$。

(2) 当 $b^2 - 4ac > 0$ 时，该方程有两个不等的实数根 $x_1, x_2 = \dfrac{-b \pm \sqrt{b^2 - 4ac}}{2a}$。

(3) 当 $b^2 - 4ac < 0$ 时，该方程有两个共轭复根 $x_1, x_2 = \dfrac{-b \pm (\sqrt{4ac - b^2})i}{2a}$。

注意：若 a=0，则该方程不是二元一次方程。

通过以上分析，则本题可解，其相应的程序代码如下：

```c
#include "stdio.h"
#include "math.h"
void main()
{
    float a, b, c, above, x1, x2, real, virtual;
    printf("Please input three number:");
    scanf("%f,%f,%f", &a, &b, &c);
    if(fabs(a) <= 1e-6)
        printf("This equation is not a quadratic!\n");   /* a=0 的情形 */
    else                                                 /* a≠0 的情形 */
    {
        above = b*b-4*a*c;                               /* 计算 √(b²-4ac) */
        if(fabs(above) <= 1e-6)
          {
            x1 = -b/(2*a);                /*该方程有两个相等的实数根*/
            x2 = -b/(2*a);
            printf("This quadratic has two equal roots:x1=x2= %6.2f\n", x1);
          }
        else if((above) > 1e-6)
          {
            x1 = (-b+sqrt(above))/(2*a);        /*该方程有两个不等的实数根*/
            x2 = (-b-sqrt(above))/(2*a);
            printf("This quadratic has two different real roots:
 x1= %6.2f, x2= %6.2f \n",x1,x2);
          }
        else                    /*该方程有两个共轭复根*/
          {
            real = -b/(2*a);
            virtual = sqrt(-above)/(2*a);
            printf("This quadratic has two complex roots:\n");
            printf("x1= %6.2f+%6.2fi, x2= %6.2f -%6.2fi\n",
```

```
            real, virtual, real, virtual);
        }
    }
}
```

该程序的运行结果如下:

```
Please input three number:4,5,8↙
This quadratic has two complex roots:
x1=-0.62+1.27i, x2=-0.62-1.27i
Please input three number:9,42,49↙
This quadratic has two equal roots:x1=x2=-2.33
```

说明:

程序中对于 $a=0$ 和 $b^2-4ac=0$ 的判断使用的是 "if(fabs(a)<=1e-6)" 和 "if(fabs(above) <=1e-6)",这主要是由于实数在计算机中进行运算和存储过程中会存在一些微小的误差,一些本来是零的数值,由于这种原因也可能变为一些很小的小数,所以不能使用 "if(a==0)" 和 "if(above==0)"。对此应使用绝对值函数 fabs()来判断该数的绝对值是否小于一个很小的数(本例中使用的是 10^{-6}),若小于此数,就认为该数值等于 0。

【例 4.15】编写能实现下列分段函数的程序,要求:输入 x,计算并输出函数 y 的值(保留两位小数)。

$$y = \begin{cases} x^2+16, & (x<8) \\ 10, & (x=8) \\ 9x+16, & (x>8) \end{cases}$$

解题思路:由题意可知,对于分段函数 y 来说,其取值公式随着 x 所属的取值区间的不同而不同。当 x<8 时,y=x^2+16;当 x=8 时,y=10;当 x>8 时,y=9x+16。对于输入的 x,判断出它的取值区间后,y 的取值相应也确定了,至此,本题得解。其具体的实现代码如下:

```
#include "stdio.h"
void main()
{
    float x, y;
    printf("Please input x: ");
    scanf("%f", &x);                    /* 输入 x 的值 */
    if(x == 8) y = 10;                  /* x=8 时的情形 */
    else if(x < 8) y = x*x+16;          /* x<8 时的情形 */
    else y = 9*x+16;                    /* x>8 时的情形 */
    printf("\n When x=%f,the value of y is: %.2f\n", x, y);
}
```

该程序的运行结果汇总如下:

```
Please input x:7.225↙
when x=7.225,the value of y is:68.20
Please input x:10.619↙
when x=10.619,the value of y is:111.57
```

4.5 上机实训

1．实训目的

(1) 通过本实训，加深对选择结构有关概念的理解。掌握选择结构程序设计方法，灵活使用各种 if 语句。

(2) 熟练掌握 switch 语句的特点，掌握多分支选择结构程序设计和调试的方法。

(3) 掌握嵌套 if 语句程序的设计方法。

2．实训内容

实训 1 编写程序，以实现降序输出从键盘输入的三个任意整数。

实训 2 写出实现以下函数的对应程序。要求：输入 x，计算并输出函数 y 的值(保留两位小数)。

$$y = \begin{cases} x+10, & (x<0) \\ 20, & (x=0) \\ 30x, & (x>0) \end{cases}$$

实训 3 输入一个 4 位正整数，求出该数对应的各位数字并输出，最后将千位和十位互换，百位和个位互换并输出(例如，输入 1256，最后输出 5612)，其他输入提示错误。

实训 4 编写程序，将 100 分制转换成 5 级分制输出，其对应要求如表 4.4 所示。

表 4.4 100 分制转换成 5 级分制

100 分制	90～100	85～89	80～84	75～79	70～74	65～69	60～64	50～59	0～49
5 级分制	5+	5	5-	4+	4	4-	3	2	1

3．实训总结

通过本章的上机实训，学员应该能够掌握选择结构程序设计方法，正确理解和使用 if 语句和 switch 语句。

习 题

一、单项选择题

(1) 设有 "int x, y, z, a, b;"，下列合法的 if 语句是(   )。

    A．if (a=b)　z = x+y;　　　　　　B．if (a=<b)　z = x+y;
    C．if (a<>b)　z = x+y;　　　　　　D．if (a<=b)　z = x+y;

(2) 一个 switch 结构的各 case 语句后面的"常量表达式"的值(   )。

    A．可以相同　　　　　　　　　　　B．必须互不相同

C. 一定相同　　　　　　　　　　D. 无所谓相同与不相同

(3) 有下列程序：

```
int a = 2;
if (1) a = a+2;
printf(" %d", a);
```

输出结果是(　　)。

A. 0　　　　　　　　　　　　　B. 4
C. 2　　　　　　　　　　　　　D. 1

二、判断题

(1) 在 switch 语句的一般表达式中，switch 语句后面的"表达式"的类型只能是整型或实型。　　　　　　　　　　　　　　　　　　　　　　　　　　　　（　）
(2) 在 switch 语句中，每遇到一次 case，就要进行一次条件判断。　（　）
(3) if 语句的嵌套位置是固定的，只能在 else 之后。　　　　　　　（　）
(4) if 语句的嵌套层数越多越好。　　　　　　　　　　　　　　　（　）
(5) switch 结构中的多个 case 子句可以共用同一语句(集)。　　　　（　）

三、程序填空题

(1) 下面程序输入 2 后，执行结果为_____。

```
#include <stdio.h>
void main()
{
    char a;
    printf(" 请输入一个数:");
    scanf("%d",&a);
    switch (a)
    {
        case 1: printf ("A\n"); break;
        case 2: printf ("B\n");
        case 3: printf ("C\n");
        case 4: printf ("D\n");
        case 5: printf ("E\n"); break;
        default: printf("error\n");
    }
}
```

(2) 下面程序的执行结果为_____。

```
#include <stdio.h>
void main()
{
    int b=1, a;
    if(!b) a = 10;
    else a = 20;
```

```
        printf("a=%d\n", a);
    }
```

(3) 输入 20、40、30 后，下面程序的执行结果为_____。

```
#include <stdio.h>
void main()
{
    int a, b, c, m;
    printf("input three numbers(a,b,c):");
    scanf("%d,%d,%d", &a, &b, &c);
    if(a > b)
        m = a;
    else
        m = b;
    if(m < c)
        m = c;
    printf("m=%d\n", m);
}
```

(4) 下面程序的输出结果是_____。

```
#include <stdio.h>
void main()
{
    int x=5, y;
    if (x > 2) y = x;
    else if (x < 2) y = 2*x;
    else y = 4*x;
    printf("y=%d\n", y);
}
```

(5) 输入 d、A、5 后，下面程序的执行结果为_____。

```
#include <stdio.h>
void main()
{
    char c;
    printf("please input a alphabet(c):");
    scanf("%c", &c);
    if(('a'<=c) && (c<='z'))
    {
        c = c - 32;
        printf("%c", c);
    }
    else if(('A'<=c) && (c<='Z'))
    {
        c = c + 32;
        printf("%c", c);
```

```
        }
        else
            printf("error!");
}
```

(6) 分析以下程序的运行结果，然后上机测试一下，看实际运行结果与自己分析的运行结果是否一致。若不一致，要仔细分析其中的原因。

①
```
#include "stdio.h"
void main()
{
    int a = 10;
    if(a++ > 11) printf("%d", a);
    else printf("%d", a--);
}
```
试分析假设结果：____10____；实际运行结果：_____；
错误原因：_____。

②
```
#include "stdio.h"
void main()
{
    int temp = 2;
    switch(temp)
    {
    case 1: printf("%d\n", ++temp); break;
    case 2: printf("%d\n", ++temp);
    case 3: printf("%d\n", temp--); break;
    case 4: printf("%d\n", temp--);
    default: printf("%d\n", temp);
    }
}
```
试分析假设结果：____3,3____；实际运行结果：_____；
错误原因：_____。

四、编程题

(1) 编写一个程序，输入三个整数，按升序输出。
(2) 输入一个不多于 4 位的正整数，要求如下。
  ① 求出它是几位数。
  ② 输出每一位数。
(3) 有函数如下：

$$y = \begin{cases} x^2 + 2x + 5 & x < 0 \text{ 且 } x \neq -2 \\ 5x + 1 & x > 5 \\ 2 & \text{其他} \end{cases}$$

编程实现：当输入 x 的值时，输出 y 值。

(4) 某公司销售员工的年终奖根据该员工的年销售总额 s 提成，年销售总额超过 1 万元的才提成，超过部分提成比例如下。

1 万元 < s < 10 万元(包括 10 万元)　　　　　　提成 7%
10 万元 < s < 50 万元(包括 50 万元)　　　　　　提成 6%
s > 50 万元(包括 50 万元)　　　　　　　　　　提成 5%

编程实现：根据员工的年销售总额 s 计算其年终奖。

注意：超过部分是指后一级相对于前面级的超过部分，比如某销售人员的年销售总额为 70 万元，排除不提成的 1 万元，剩下 69 万元按以下方法计算奖金：9 万元按 7%提成，50 万元按 6%提成，10 万元按 5%提成。

第 5 章 循环结构程序设计

【本章要点】

本章主要介绍循环结构程序设计的基本概念、for 语句、while 语句和 do-while 语句的使用,以及多重循环程序的设计的基本方法。

循环结构是程序中一种很重要的结构,用来处理需要重复处理的问题,所以,循环结构又称为重复结构。它的特点是:当给定条件成立时,反复执行某段程序,直到条件不成立时为止。给定的条件称为循环条件,反复执行的程序段称为循环体。

C 语言提供了多种循环语句,可以组成各种不同形式的循环结构。
- 用 goto 语句和 if 语句构成循环(现在很少使用,本章不作讲解)。
- 用 for 语句构成循环。
- 用 while 语句构成循环。
- 用 do-while 语句构成循环。

5.1 for 语 句

for 语句是 C 语言所提供的功能最强,使用最广泛、最灵活的一种循环语句。

5.1.1 for 语句的一般形式和执行过程

for 语句的一般形式为:

```
for(表达式 1; 表达式 2; 表达式 3)
    语句;
```

表达式 1:通常用来给循环变量赋初值,一般是赋值表达式。也可以在 for 语句外给循环变量赋初值,此时可以省略该表达式。

表达式 2:通常是循环条件,一般为关系表达式或逻辑表达式。

表达式 3:通常用来修改循环变量的值,一般是赋值表达式。

这三个表达式都可以是逗号表达式,即每个表达式都可以由多个表达式组成。三个表达式是任选项,都可以省略。

一般表达式中的"语句"即为循环体。for 语句的执行过程如下。

(1) 计算表达式 1 的值。

(2) 计算表达式 2 的值,若值为真(非 0)则执行循环体一次,然后执行下面的第(3)步;若值为假(值为 0)则结束循环,转到第(5)步。

(3) 计算表达式 3 的值。

(4) 转回第(2)步继续执行。

(5) 循环结束，执行 for 语句下面的一个语句。

在整个 for 循环执行过程中，表达式 1 只执行一次，表达式 2 和表达式 3 有可能执行多次，而表达式 3 也可能一次也不执行。

其执行过程可以用流程图 5.1 表示。

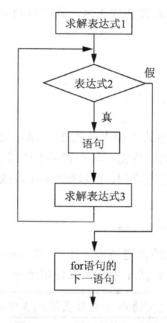

图 5.1 for 循环的执行过程

5.1.2 for 语句的各种形式

在实际编程中，for 语句相当灵活，形式变化多样，常见的有以下几种情况。

(1) for 语句的一般形式中"表达式 1"可以省略，这种情况应在 for 语句使用之前给循环变量赋初值。注意，省略表达式 1 时，其后面的分号不能省略。例如：

```
i = 1;
for(; i<=100; i++) sum = sum+i;
```

执行时，跳过"求解表达式 1"这一步，其他步骤不变。

(2) for 语句的一般形式中"表达式 2"可以省略，这种情况应在 for 语句的循环体中加入条件判断语句来判断是否结束循环，否则不判断循环条件，也就是认为表达式 2 始终为真，循环会无终止地进行下去，形成死循环。注意，省略表达式 2 时，其后面的分号不能省略。例如：

```
for(i=1; ; i++)
{
    sum = sum + i;
    if(i > 100) break;
}
```

其中，break 语句的意义是结束循环，if 语句的意义是判断循环变量 i 是否大于 100，如果大于 100，则结束循环，执行 for 语句后面的语句。如果循环体中去掉 if 语句，则上面的循环为死循环。

(3) for 语句的一般形式中"表达式 3"可以省略，这种情况应在 for 语句的循环体内加入使循环变量变化的语句，否则如果循环变量没有变化，就永远不会满足循环结束的条件，也会造成死循环。注意，省略表达式 3 时，其前面的分号不能省略。例如：

```
for(i=1; i<=100; )
{
    sum = sum + i;
    i++;
}
```

在上面的 for 语句中只有表达式 1 和表达式 2，省略了表达式 3，但是在循环体中加入了语句"i++"，使得循环变量能够变化，与不省略表达式 3 的效果是一样的。

(4) for 语句的循环体可以是空语句，可以把循环体要处理的内容放到表达式 3 中，效果是一样的。例如：

```
for(i=1; i<=100; sum=sum+i,i++) ;
```

以上程序的运行结果与前面的例题结果一样。注意：sum=sum+i 与 i++ 之间用逗号分隔，而不能使用分号，表达式 3 和表达式 1 中都可以使用逗号。

注意：for 语句的循环体也可以是空语句，并且表达式 3 中也没有循环体内容。

5.1.3 for 循环程序举例

【例 5.1】用 for 循环语句计算 s=1+2+3+…+99+100。

用传统的流程图和 N-S 结构流程图表示算法，如图 5.2 所示。

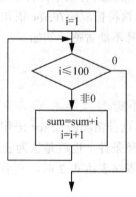
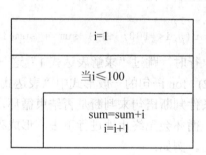

图 5.2 求和程序的流程图

源程序如下：

```c
#include <stdio.h>
void main()
{
    int n, s=0;
    for(n=1; n<=100; n++) s = s+n;
    printf("s=%d\n", s);
}
```

本例 for 语句中的表达式 3 为 n++，实际上也是一种赋值语句，相当于 n=n+1，以改变循环变量的值。该程序的运行结果为：

```
s=5050
```

【例 5.2】用 for 语句编写程序，从 0 开始，输出 n 个连续的偶数。代码如下：

```c
#include <stdio.h>
void main()
{
    int a=0, n;
    printf("\n input n: ");
    scanf("%d", &n);
    for(; n>0; a++,n--)
        printf("%5d ", a*2);
}
```

本例的 for 语句中，表达式 1 已省去，循环变量的初值在 for 语句之前由 scanf 语句取得，表达式 3 是一个逗号表达式，由 a++、n--两个表达式组成。每循环一次 a 自增 1，n 自减 1。a 的变化使输出的偶数递增，n 的变化控制循环次数。该程序的运行结果为：

```
input n:
5↙
    0    2    4    6    8
```

其中 5 是任意输入的 n 值，也可输入其他正整数。

注意：①在使用循环结构语句时，一定要注意循环结束条件和循环变量值的修改，防止死循环的发生。②for 语句中的各表达式都可省略，但分号间隔符不能少。③循环体也可以是空语句，请看下面的例题。

```c
#include"stdio.h"
void main()
{
    int n = 0;
    printf("input a string:\n");
    for( ; getchar()!='\n'; n++);
    printf("%d", n);
}
```

本例中,省去了 for 语句的表达式 1,表达式 3 也不是用来修改循环变量,而是用作输入字符的计数。这样,就把本应在循环体中完成的计数放在表达式中完成了,因此循环体是空语句。应注意的是,空语句后的分号不可少,如缺少此分号,则把后面的 printf 语句当成循环体来执行。反过来说,如循环体不为空语句时,则不能在表达式的括号后加分号,这样又会认为循环体是空语句而不能反复执行。这些都是编程中常见的错误,要十分注意。

【例 5.3】找出 1~100 之间既能被 5 整除又能被 3 整除的数。代码如下:

```
#include <stdio.h>
void main()
 { int i;
    for(i=1; i<=100; i++)
       if(i%5==0 && i%3==0)
          printf("%5d ", i);
 }
```

运行结果为:

15　　30　　45　　60　　75　　90

5.2　while 语句

while 语句也是常用的循环语句,称为"当型"循环语句。

5.2.1　while 语句的一般形式和执行过程

while 语句的一般形式为:

`while(表达式) 语句;`

其中表达式是循环条件,语句为循环体。

while 语句的执行过程是:计算表达式的值,当值为真(非 0)时,执行循环体语句。当表达式的值为假(值为 0)时,跳出循环,执行循环以外的下一个语句。其执行过程如图 5.3 所示。

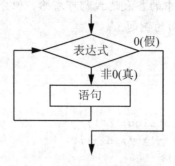

图 5.3　while 语句的执行过程

while 循环的特点是：先判断表达式，后执行循环体语句。

【例 5.4】统计从键盘输入的一行字符的个数。代码如下：

```c
#include <stdio.h>
void main()
{
    int n = 0;
    printf("input a string:\n");
    while(getchar() != '\n')
        n++;
    printf("%d", n);
}
```

以上例题中的循环条件为 getchar() != '\n'，其意义是，只要键盘输入的字符不是回车就继续循环。循环体中的 n++完成对输入字符个数的计数。从而程序实现了对输入一行字符的字符个数的统计。

5.2.2 使用 while 语句应注意的问题

使用 while 语句应注意以下几点。

(1) while 语句中的表达式一般是关系表达式或逻辑表达式，只要表达式的值为真(非0)，即可继续循环。例如：

```c
#include <stdio.h>
void main()
{
    int a=0, n;
    printf("\n input n: ");
    scanf("%d", &n);
    while (n--)
        printf("%d ", a++*2);
}
```

本例程序将执行 n 次循环，每执行一次，n 值减 1，直到 n 为 0 时结束循环。循环体输出表达式 a++*2 的值，该表达式等效于(a*2; a++)。

(2) 循环体如果包括一个以上的语句，则必须用{}括起来，组成复合语句，否则循环时只执行循环体的第一条语句。

(3) 应注意循环条件的选择以避免死循环的产生。例如：

```c
#include <stdio.h>
void main()
{
    int a, n=0;
    while(a=5)
        printf("%d ", n++);
}
```

本例中 while 语句的循环条件为赋值表达式 a=5，因此该表达式的值永远为真(非 0)，而循环体中又没有其他终止循环的手段，因此该循环将无休止地进行下去，形成死循环。

(4) 允许 while 语句的循环体又是 while 语句，从而形成双重循环。

5.3 do-while 语句

5.3.1 do-while 语句的一般形式和执行过程

do-while 语句用来实现"直到型"的循环结构，其一般形式为：
do
　　语句；
while(表达式);

其中语句是循环体，表达式是循环条件。

do-while 语句的执行过程是：先执行循环体语句一次，再判断表达式的值；若为真(非 0)则继续循环；否则如果表达式的值为假(值为 0)，则结束循环。其执行过程如图 5.4 所示。

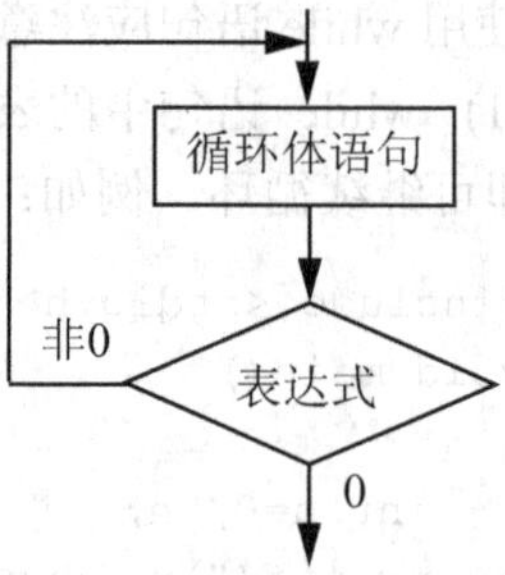

do-while 语句和 while 语句的区别在于：do-while 是先执行循环体后判断条件，因此 do-while 至少要执行一次循环体；而 while 是先判断条件后执行循环体，如果条件不满足，则一次循环体语句也不执行。

【例 5.5】用 do-while 语句修改例 5.2，从 0 开始，输出 n 个连续的偶数。代码如下：

```
#include <stdio.h>
void main()
{
    int a=0, n;
    printf("\n input n: ");
    scanf("%d", &n);
    do
        printf("%d ", a++*2);
    while (--n);
}
```

图 5.4 do-while 循环的执行过程

在本例中，循环条件改为--n，否则将多执行一次循环。这是由于先执行后判断而造成的。

在一般情况下，用 while 语句和用 do-while 语句处理同一个问题，若二者的循环体部分是一样的，它们的结果也一样。

如例 5.2 和例 5.4，得到的结果是相同的。但如果 while 后面的表达式一开始就为假(值为 0)时，两种循环的结果是不同的。

【例 5.6】 while 和 do-while 循环的比较。

(1)
```
#include <stdio.h>
void main()
{   int sum=0, i;
    scanf("%d", &i);
    while(i<=10)
    {   sum=sum+i;
        i++;
        printf("sum=%d\n", sum);
    } }
```

(2)
```
#include <stdio.h>
void main()
{   int sum=0, i;
    scanf("%d", &i);
    do
    sum=sum+i;
    i++;
    while(i<=10) ;
    printf("sum=%d\n", sum); }
```

运行情况比较如下。

1✓
sum=55

1✓
sum=55

再运行一次：

11✓
sum=0

11✓
sum=11

可以看到：当输入的 i 值小于或者等于 10 时，二者得到的结果相同。而当 i 大于 10 时，二者的结果就不同了。这是因为当 i 大于 10 时，while 循环一次也不执行循环体，而 do-while 循环执行一次循环体。所以当 while 后面的表达式第一次的值为"真"时，两种循环得到的结果相同，否则二者得到的结果不同。

5.3.2 使用 do-while 语句应注意的问题

对于 do-while 语句还应注意以下几点。

(1) 在 if 语句、while 语句中，表达式后面都不能加分号，而在 do-while 语句的表达式后面则必须加分号。

(2) do-while 语句也可以组成多重循环，而且也可以与 while 语句相互嵌套。

(3) 当 do 和 while 之间的循环体由多个语句组成时，也必须用{}括起来组成一个复合语句。

(4) do-while 和 while 语句相互替换时，要注意修改循环控制条件。

(5) for 语句、while 语句、do-while 语句可以相互嵌套，构成多重循环。

5.4 多重循环

在 for 语句、while 语句、do-while 语句的循环体中还可以是任何一个完整的循环语句，形成循环的嵌套，称为多重循环。

【例 5.7】编程打印出下列九九乘法表。

```
1*1=1   1*2=2   1*3=3   1*4=4   1*5=5   1*6=6   1*7=7   1*8=8   1*9=9
2*1=2   2*2=4   2*3=6   2*4=8   2*5=10  2*6=12  2*7=14  2*8=16  2*9=18
3*1=3   3*2=6   3*3=9   3*4=12  3*5=15  3*6=18  3*7=21  3*8=24  3*9=27
                                   ⋮
9*1=9   9*2=18  9*3=27  9*4=36  9*5=45  9*6=54  9*7=63  9*8=72  9*9=81
```

程序如下：
```c
#include <stdio.h>
void main()
{
    int i, j;
    for(i=1; i<=9; i++)
    {
        for(j=1; j<=9; j++)
            printf("%d*%d=%-3d",i,j,i*j);
        printf("\n");
    }
}
```

上面在一个 for 循环中又嵌套了一个 for 循环，形成双重循环。程序运行结果为：

```
1*1=1   1*2=2   1*3=3   1*4=4   1*5=5   1*6=6   1*7=7   1*8=8   1*9=9
2*1=2   2*2=4   2*3=6   2*4=8   2*5=10  2*6=12  2*7=14  2*8=16  2*9=18
3*1=3   3*2=6   3*3=9   3*4=12  3*5=15  3*6=18  3*7=21  3*8=24  3*9=27
4*1=4   4*2=8   4*3=12  4*4=16  4*5=20  4*6=24  4*7=28  4*8=32  4*9=36
5*1=5   5*2=10  5*3=15  5*4=20  5*5=25  5*6=30  5*7=35  5*8=40  5*9=45
6*1=6   6*2=12  6*3=18  6*4=24  6*5=30  6*6=36  6*7=42  6*8=48  6*9=54
7*1=7   7*2=14  7*3=21  7*4=28  7*5=35  7*6=42  7*7=49  7*8=56  7*9=63
8*1=8   8*2=16  8*3=24  8*4=32  8*5=40  8*6=48  8*7=56  8*8=64  8*9=72
9*1=9   9*2=18  9*3=27  9*4=36  9*5=45  9*6=54  9*7=63  9*8=72  9*9=81
```

请读者思考，若要打印出如下格式的九九乘法表，程序应该如何修改。

```
1*1=1   1*2=2   1*3=3   1*4=4   1*5=5   1*6=6   1*7=7   1*8=8   1*9=9
        2*2=4   2*3=6   2*4=8   2*5=10  2*6=12  2*7=14  2*8=16  2*9=18
                3*3=9   3*4=12  3*5=15  3*6=18  3*7=21  3*8=24  3*9=27
                        4*4=16  4*5=20  4*6=24  4*7=28  4*8=32  4*9=36
                                5*5=25  5*6=30  5*7=35  5*8=40  5*9=45
                                        6*6=36  6*7=42  6*8=48  6*9=54
                                                7*7=49  7*8=56  7*9=63
                                                        8*8=64  8*9=72
                                                                9*9=81
```

5.5 break 语句和 continue 语句

程序中的语句通常总是按顺序方向执行，或者按语句功能所定义的方向执行。如果需要改变程序的正常流向，可以使用本节介绍的转移语句。在 C 语言中提供了四种转移语句：goto、break、continue 和 return。

其中的 return 语句只能出现在被调函数中，关于返回主调函数，将在第 7 章中具体介绍。goto 语句也很少使用。本节介绍其他两种转移语句。

5.5.1 break 语句

break 语句只能用在 switch 语句或循环语句中，其作用是跳出 switch 语句或跳出本层循环，转去执行后面的程序。由于 break 语句的转移方向是明确的，所以不需要语句标号与之配合。

break 语句的一般形式为：

break;

其语义是：结束本层循环。

【例 5.8】从键盘输入任意一串字符并自动输出，统计字符个数，直到输入 Enter 键或者 Esc 键结束。代码如下：

```c
#include <stdio.h>
void main()
{
    int i = 0;
    char c;
    while(1)                        /*设置循环*/
    {
        c = '\0';                   /*变量赋初值*/
        while(c!=13 && c!=27)       /*键盘接收字符直到输入 Enter 键或 Esc 键*/
        {
            c = getch();
            printf("%c\n", c);
        }
        if(c == 27)
            break;                  /*判断若输入 Esc 键则退出循环*/
        i++;
        printf("The No. is %d\n", i);
    }
    printf("The end");
}
```

上面例题中在 while(1)的循环体中使用了 break 语句作为跳转。使用 break 语句可以使循环语句有多个出口，在一些场合下使编程更加灵活、方便。

> 注意：break 语句对 if-else 的条件语句不起作用。在多层循环中，一个 break 语句只向外跳一层。

5.5.2 continue 语句

continue 语句只能用在循环体中，其一般格式为：

```
continue;
```

其意义是：结束本次循环，即不再执行循环体中 continue 语句之后的语句，转入下一次循环条件的判断与执行。应注意的是：本语句只结束本层中本次的循环，并不跳出循环体；而执行 break 语句则跳出循环。

【例5.9】输出 100 以内能被 7 整除的数。代码如下：

```
#include <stdio.h>
void main()
{
    int n;
    for(n=7; n<=100; n++)
    {
        if (n%7 != 0)
            continue;
        printf("%d ", n);
    }
}
```

本例中，对 7～100 的每一个数进行测试，如该数不能被 7 整除，即模运算 n%7 不为 0，则由 continue 语句转到下一次循环。只有模运算为 0 时，才能执行后面的 printf 语句，输出能被 7 整除的数。

【例5.10】检查输入的一行字中有无相邻的两字符相同。

程序如下：

```
#include "stdio.h"
void main()
{
    char a, b;
    printf("input a string:\n");
    b = getchar();
    while((a=getchar()) != '\n')
    {
        if(a == b)
        {
            printf("same character\n");
            break;
        }
        b = a;
    }
}
```

本例程序中，把第一个读入的字符保存到变量 b。然后进入循环，把下一个读入的字符保存到变量 a。比较 a、b 是否相等，若相等则输出提示串并终止循环；若不相等则把 a 中的字符赋予 b，进入下一次循环。

5.6 程序综合举例

【例 5.11】 要求判断输入的学生成绩是否合格。代码如下：

```c
#include <stdio.h>
void main()
{
    int count, score;
    printf("请输入班级的人数:");
    scanf("%d", &count);
    printf("\n");
    for(int i=0; i<count; i++)
    {
        printf("请输入学生的成绩:");
        scanf("%d", &score);
        if(score > 60)
            printf("及格\n");
        else
            printf("不及格\n");
    }
}
```

程序运行结果为：

请输入班级的人数:3✓
请输入学生的成绩:69✓
及格
请输入学生的成绩:88✓
及格
请输入学生的成绩:49✓
不及格

【例 5.12】 有 1、2、3、4 四个数字，能组成多少个互不相同且无重复数字的三位数？都是多少？

程序分析：可填在百位、十位、个位的数字都是 1、2、3、4。组成所有的排列后再去掉不满足条件的排列。

代码如下：

```c
#include <stdio.h>
void main()
{
    int i, j, k;
    printf("\n");
    for(i=1; i<5; i++)                    /*以下为三重循环*/
        for(j=1; j<5; j++)
            for(k=1; k<5; k++)
```

```
        {
            if (i!=k && i!=j && j!=k)    /*确保i、j、k三位互不相同*/
                printf("%d,%d,%d\n", i, j, k);
        }
    }
```

读者自己分析一下运行结果，并考虑如果不是 1、2、3、4，而是任意四位数呢？有几种情况？如何修改程序？注意：组成的四位数中最高位不能为零。

【例 5.13】判断整数 m 是否为素数。

程序分析：所谓素数，是指除 1 和它本身以外，不能被任何数整除的数。因此判断一个数 m 是否为素数，只需把 2 到 m-1 之间的每一个整数去除 m，如果都不能整除，则 m 是素数；如果有一个能被 m 整除，则 m 不是素数。

现实中，以上的判断过程还可以简化，我们如果判断 2 到 m-1 之间的每一个整数能否被 m 整除，只需判断从 2 到 $\sqrt{m}$ 之间是否有整数被 m 整除就可以了。

也就是说，如果 2 到 $\sqrt{m}$ 之间的整数都不能整除 m，则 m 为素数。例如，判断 26 是否为素数，只要判断 2~5 之间的整数是不是能整除 26 就可以了，由于 2、3、4、5 都不能整除 26，所以 26 为素数。为什么可以如此简化呢？因为如果 6~25 之间有一个整数 a 能够被 26 整除，则一定存在一个整数 b 使得 a×b=26，而 b 一定在 2~5 之间，如果我们验证了 2~5 之间 b 不存在，则不需证明，a 肯定不存在。所以只要判断 2~5 之间的整数是不是能整除 26 就可以证明 26 为素数。

程序如下：

```
#include <stdio.h>
#include <math.h>
void main()
{
    int m, i, k;
    printf("请输入一个整数:");
    scanf("%d", &m);
    k = sqrt(m);
    for(i=2; i<=k; i++)
        if(m%i == 0) break;
    if(i > k) printf("%d是一个素数。\n", m);
    else printf("%d不是一个素数。\n", m);
}
```

程序运行结果为：

请输入一个整数:26✓

26 是一个素数。

【例 5.14】输出 100~200 之间的素数。

可以使用上面例题的结果，为本题加入一个嵌套的 for 循环来判断素数即可，程序如下：

```
#include <stdio.h>
```

```
#include <math.h>
void main()
{
    int m, i, k, n;  n = 0;
    for(m=101; m<=200; m=m+2)
    {
        k = sqrt(m);
        for(i=2; i<=k; i++)
            if(m%i == 0) break;
        if(i > k)
        {
            printf("%d", m);  n = n + 1;
        }
        if(n%5 == 0) printf("\n");
    }
    printf("\n");
}
```

程序运行结果为：

```
101 103 107 109 113
127 131 137 139 149
151 157 163 167 173
179 181 191 193 197
199
```

【例 5.15】为小学生自动生成 100 以内整数的四则运算练习题，并根据回答结果自动判分。

程序分析：在 C 语言头文件 stdlib.h 中定义了随机函数 rand()，它产生一个 0～32 767 之间的随机整数，包括 0 和 32 767，为了保证每次运行时能产生不同的随机数序列，可先用 srand((unsigned)time(NULL))产生一个随系统时间改变的随机数种子。

程序代码如下：

```
#include <stdio.h>
#include <stdlib.h>
#include <time.h>
void main()
{
    int x, y, z, temp, answer;
    srand((unsigned)time(NULL));    /* 每次运行产生不一样的随机种子 */
    x = rand()/328;
    y = rand()/328;
    if(x < y)
    {
        temp=x; x=y; y=temp;
    }
    switch(rand()/8192)
```

```
    {
    case 0:
        printf("%d+%d=", x, y);
        answer = x + y;
        break;
    case 1:
        printf("%d-%d=", x, y);
        answer = x - y;
        break;
    case 2:
        printf("%d*%d=", x, y);
        answer = x * y;
        break;
    case 3:
        printf("%d/%d=", x, y);
        answer = x / y;
        break;
    }
    scanf("%d", &z);
    if(z == answer)
        printf("It is right!\n");
    else
        printf("It is wrong!\n");
}
```

5.7 上机实训

1．实训目的

(1) 通过本实训，加深对循环控制结构有关概念的理解，掌握循环结构程序的设计方法，灵活使用各种循环语句。

(2) 熟练掌握 while、do-while 和 for 三种循环控制语句的特点，掌握循环结构程序设计和调试的方法。

(3) 掌握二重循环结构程序的设计方法。

2．实训内容

实训 1 设计一段程序，其功能是，从键盘上输入若干个学生的成绩，统计并输出最高成绩、最低成绩和平均成绩，当输入负数时结束输入。

实训 2 设计程序输出 Fibonacci 数列的前 50 个数，其开始两个数是 1、1，从第三个数开始，每个数等于前两个数之和。例如，1，1，2，3，5，8，13…

实训 3 计算 1+1/2+1/4+…+1/50 的值，并显示出来。

实训 4 输入一行字符，分别统计其中英文字母、空格、数字和其他字符的个数。

实训 5 用循环程序输出以下图案。

```
      *
     ***
    *****
   *******
    *****
     ***
      *
```

实训 6 用以下公式计算圆周率 π 的近似值。

$$\frac{\pi}{4} = 1 - \frac{1}{3} + \frac{1}{5} - \frac{1}{7} + \cdots$$

3. 实训报告

(1) 提交源程序清单：将各题源程序文件、目标文件和可执行文件保存于规定盘上。

(2) 提交书面实验报告：报告包括原题、流程图、源程序清单及实验收获(如上机调试过程中遇到什么问题及其解决方法)和总结等。

习　　题

一、选择题

(1) 在循环结构的循环体中执行 break 语句，其作用是(　　)。

　　A. 结束本次循环，进入下次循环

　　B. 继续执行 break 语句之后的循环体中的各语句

　　C. 跳出该循环体，提前结束循环

　　D. 终止程序运行

(2) 以下程序的运行结果是(　　)。

```c
#include "stdio.h"
main()
{
    int a[]={2, 4, 6, 8, 10}, y=1, x;
    for(x=0; x<3; x++) y += a[x+1];
    printf("%d\n", y);
}
```

　　A. 17　　　　　　　　　　　　　　B. 18
　　C. 19　　　　　　　　　　　　　　D. 20

(3) 若有 "int i;" 则以下循环语句的循环执行次数是(　　)。

```c
for (i=2; i==0; ) printf("%d", i--);
```

A. 无限次 B. 0次
C. 1次 D. 2次

(4) 下面程序的输出结果为(　　)。

```
#include "stdio.h"
void main()
{
    int i;
    for(i=100; i<200; i++)
    {
        if(i%5 == 0) continue;
        printf("%d\n", i);
        break;
    }
}
```

A. 100 B. 101
C. 无限循环 D. 无输出结果

(5) 以下程序的输出结果是(　　)。

```
#include "stdio.h"
void main()
{
    int i, k, a[10], p[3];
    k = 5;
    for (i=0; i<10; i++) a[i] = i;
    for (i=0; i<3; i++) p[i] = a[i*(i+1)];
    for (i=0; i<3; i++) k += p[i]*2;
    printf("%d\n", k);
}
```

A. 20 B. 21 C. 22 D. 23

(6) 有如下程序:

```
#include "stdio.h"
void main()
{
    int i, sum;
    for(i=1; i<=3; sum++)
        sum += i;
    printf("%d\n", sum);
}
```

该程序的执行结果是(　　)。

A. 6 B. 3 C. 死循环 D. 0

(7) 有以下程序段:

```
int k = 0;
```

```
while(k=1) k++;
```

while 循环执行的次数是( )。

A. 无限次 B. 有语法错误，不能执行
C. 一次也不执行 D. 执行 1 次

二、程序填空题

(1) 以下程序显示如下所示的矩阵，矩阵中每个元素形成的规律是：右上三角阵(含对角线)元素为 1，其他元素的值为<行下标>-<列下标>+1。

```
              1  1  1  1
              1  1  1  1
           2  1  1  1
        3  2  1  1
     4  3  2  1
```

```
#include "stdio.h"
void main()
{
    int i, j, a[5][5];
    for(i=0; i<=4; i++)
        for(j=0; j<5; j++)
            if(_____) a[i][j] = 1;
            else _____ = i-j+1;
    for(i=0; i<5; i++)
    {
        for(j=0; j<5; j++) printf("%3d", a[i][j]);
        printf("\n");
    }
}
```

(2) 输出九九乘法口诀表。

```
#include "stdio.h"
void main()
{
    int i, j, result;
    printf("\n");
    for (i=1; i<10; i++)
    {
        for(j=1; j<10; j++)
        {
            result = _____;
            printf("%d*%d=%-3d", i, j, result); /* -3d 表示左对齐，占 3 位*/
        }
        printf("\n");                /*每一行后换行*/
```

    }
}

(3) 古典问题：有一对兔子，从出生后第 3 个月起每个月都生一对兔子，小兔子长到第三个月后每个月又生一对兔子,假如兔子都不死,问每个月的兔子总数为多少？

```
#include "stdio.h"
void main()
{
    long f1, f2;
    int i;
    f1 = f2 = 1;
    for(i=1; i<=20; i++)
    {
        printf("%12ld %12ld", f1, f2);
        if(i%2 == 0) printf("\n");
        f1 = _____;
        f2 = _____;
    }
}
```

(4) 将一个正整数分解质因数。例如，输入 90，打印出 90=2*3*3*5。

```
#include "stdio.h"
void main()
{
    int n, i;
    printf("\nplease input a number:\n");
    scanf("%d", &n);
    printf("%d=", n);
    for(i=2; i<=n; i++)
    {
        while(n != i)
        {
            if(n%i_____)
            {
                printf("%d*", i);
                _____;
            }
            else
                break;
        }
    }
    printf("%d", n);
}
```

三、编程题

(1) 编一程序，求出所有各位数字的立方和等于 1099 的 3 位整数。

(2) 编一程序，输出如下图形。

```
            1
           1 2 1
          1 2 3 2 1
         1 2 3 4 3 2 1
        1 2 3 4 5 4 3 2 1
       1 2 3 4 5 6 5 4 3 2 1
```

(3) 编写一个程序，求出200～300之间满足这样条件的数：它们三个数字之积为42，三个数字之和为12。要求用多重循环来实现。

(4) 编写一个程序，计算下式之和。
1+(1+2)+(1+2+3)+(1+2+3+4)+…+(1+2+3+4+5+6+7+8+9+10)

(5) 编程验证哥德巴赫猜想：任何一个大偶数(大于等于6)总可以表示成两个素数之和。

(6) 编写程序，计算100～1000之间有多少个数其各位数字之和是5。

第6章 数　　组

【本章要点】

本章主要介绍一维数组、二维数组以及字符数组的定义、初始化、数组元素的引用方式、与数组相关的应用编程方法，以及常见字符串函数的功能及其应用。

6.1 一维数组

在程序设计中，把具有相同类型的若干变量按有序的形式组织起来，以满足某些复杂问题编程的需要，这些按序排列的同类型数据元素的集合称为数组。其中，共用的名字称为数组名，集合中的变量称为数组元素。C语言的数组元素是用数组名与方括号[]括起来的下标表示。数组名后所跟下标的个数，称为数组的维数，由一个下标组成的数组称为一维数组；由两个下标组成的数组称为二维数组；由3个下标组成的数组称为三维数组；依次类推。

6.1.1 一维数组的定义

一维数组通常是指由一个下标数组元素组成的数组，其定义形式如下。

存储类型　数据类型　数组名[常量表达式] = {初始值}

例如：

```
static float a[10];
```

此语句定义了一个由10个元素组成的一维数组，数组名为a，这10个元素分别为a[0]、a[1]、a[2]、…、a[9]，每个元素都是实数类型。

说明如下。

在数组定义格式中：
- 存储类型是任选项，可以是auto、static、extern存储类型，但没有register型。
- 数据类型可以是int、float、char。
- 数组名符合标识符定义，但不能与其他变量同名。例如"int b, b[7];"就是不对的。
- 数组元素的下标是从0开始编号的，如定义static float a[10]，第一个元素为a[0]，最后一个为a[9]，而不是a[10]，否则会产生数组越界。
- 常量表达式中可以包括常量和符号常量，不能包含变量。

下面的数组定义是合法的，因为SIZE已经在宏定义中说明了，在程序中作为符号常量：

```
#define SIZE 20
```

```
char str[SIZE];
int m[10*SIZE];
float x[2*5+1];
```

而下面四个数组的定义是非法的:

```
int size1, size2;
float aa[size1];                    /*使用变量定义数组大小*/
char w[size1+size2+2];              /*使用含变量的表达式定义数组大小*/
int num[-8];                        /*使用负数定义数组大小*/
int bb(8);                          /*数组名后使用了()*/
```

一维数组在内存中存储时,按下标递增的次序连续存放。对于"int a[15];",数组名 a 或&a[0]是数组存储区域的首地址,即数组第一个元素存放的地址。

6.1.2 一维数组元素的引用

与变量类似,任何一个数组都应先定义,然后再引用。数组元素的引用形式为:

数组名[下标]

数组元素的实质为该数组所属数据类型的一个具有下标的变量,故又称下标变量,因此,数组元素与具有相同数据类型的普通变量的引用完全相同。

【例6.1】求整型 a 数组中最大元素的值和该元素的下标。代码如下:

```
#include <stdio.h>
void  main()
{
    int a[10] = {25, -2, 8, 24, 5, 76, -27, 8, 19, 10};
    int max, k, i;
    max=a[0]; k=0;
    for(i=0; i<10; i++)
        if (a[i] > max)
        {
            max=a[i]; k=i;
        }
    printf("m=%d,%d\n", max, k);
}
```

在 C 语言中既不能对数组整体进行操作,也不能对整个数组进行赋值或其他各种运算,只能对数组元素进行操作。例如:

```
int a[10], b[10], c[10];
...
c = a + b;
```

该操作希望的是数组 a 和 b 的对应元素相加,送入数组 c,这是错误的,因为不能对数组进行整体操作。

6.1.3 一维数组元素的初始化

初始化就是给数组元素赋初始值，其初始化方法有如下两种。

1. 数组定义时初始化

在定义数组时将各元素的值全部写入定义语句中，计算机在编译时对数组各元素进行赋值。其一般格式如下：

数据类型　数组名[数组元素个数] = {值1, 值2, ..., 值n};

(1) 对数组全部元素赋初值。例如：

```
int num[3] = {1, 2, 3};
```

执行该语句后，各元素初值为：num[0]=1，num[1]=2，num[2]=3。
这种方法赋值可以缺省数组定义中的长度，如上例可以写为：

```
int num[] = {1, 2, 3};
```

注意[ ]不能省略。

(2) 对数组部分元素赋初值。例如：

```
static int num[5] = {10, 15, 20};
```

执行该语句后，各元素初值为：

num[0]=10, num[1]=15, num[2]=20, num[3]=0, num[4]=0

> **注意**：对数组元素初始化若写为如下形式是错误的。
>
> ```
> int num[3];
> num[3] = {10, 15, 20};
> ```
>
> 错误的原因是用赋值语句对整个数组赋初值，违背不能对数组进行整体操作的原则。

(3) 全部元素均初始化为0，可以写成：

```
int a[10] = {0, 0, 0, 0, 0, 0, 0, 0, 0, 0};
```

不可写成：

```
int a[10] = {0*10};
```

2. 用赋值语句初始化

用赋值语句初始化是在程序执行时实现的。例如：

```
int i, a[10];
for (i=0; i<10; i++)
    a[i] = 0;
```

该程序段是在编译后执行程序时才给数组a赋初值。

6.1.4 一维数组的应用举例

【例 6.2】 对某班学生的某科成绩 x 进行分段统计。

分析：要求将[0～59]、[60～69]、[70～79]、[80～89]、[90～100]这 5 个分数段的人数分别统计在 a[5]～a[9]中。学生成绩采用百分制。当非法输入时，结束统计。代码如下：

```
#include <stdio.h>
void main()
{
    float x;
    int i, k;
    static int a[10];
    scanf("%f", &x);
    while(x>=0 && x<=100)
    {
        k = (int)x/10;
        if(k < 6)  k = 5;
        if(k == 10) k = 9;
        a[k] = a[k] + 1;
        scanf("%f", &x);
    }
    for(i=5; i<10; i++)
        printf("%5d", a[i]);
}
```

【例 6.3】 求 a 数组中偶数之和及偶数的平均值。代码如下：

```
#include <stdio.h>
void main()
{
    int s=0, k=0, i, a[10]={1,2,3,4,5,6,7,8,9,10};
    float ave;
    for(i=0; i<10; i++)
        if (a[i]%2 == 0)
        { s+=a[i];   k++; }
    if(k != 0)
    { ave=s/k; printf("%d,%f\n", s, ave); }
}
```

程序运行结果为：

30, 6.000000

【例 6.4】 有一递推数列，满足 f(0)=0，f(1)=1，f(2)=2，f(n+1)=f(n)+2f(n-1)f(n-2)(n>=2)。使用数组编写程序，顺序打印出 f(0)～f(9)的值。

分析：可以定义一个整型数组，用于存放 f(0)～f(9)这 10 个数。先将 f(0)、f(1)、f(2)的值直接赋给数组的前 3 个元素，然后建立一个循环，每次取数组中的 3 个元素(最后一个元素必须是上一次进入循环体时刚计算出来的),通过递推公式求出下一项的值并存入数组中,直到10项都被计算出来为止。

程序如下:

```c
#include <stdio.h>
void main()
{
    int f[10], k;
    f[0]=0, f[1]=1, f[2]=2;
    for(k=3; k<10; k++)
        f[k] = f[k-1]+2*f[k-2]*f[k-3];
    for(k=0; k<10; k++)
        printf("%d,", f[k]);
    printf(", …\n");
}
```

程序运行结果为:

0,1,2,2,6,14,38,206,1270,16926,…

【例6.5】从键盘上输入10个整数,用冒泡法从小到大排序后输出。

分析:冒泡排序法的基本思想是将相邻两个数进行比较,将小的调到前面。

对于一个待排序的10个数序列,从前向后依次比较相邻的两个数,如果前面的数大,则交换两个数,将小的调到前面,大的调到后面,这样经过一轮比较、交换后(即a[0]与a[1]比较,a[1]与a[2]比较,a[2]与第a[3]比较,……,a[8]与a[9]比较,共9次),数组的最后一个a[9]就是最大的,然后对余下的前面9个数进行相同的第二轮比较(8次),找出次大数存放于a[8]中,依次类推。经过9轮比较后,数组中的各元素值就实现了从小到大排序。

程序如下:

```c
#include <stdio.h>
void main()
{
    int a[10];
    int i, j, t;
    printf("please input 10 numbers:\n");
    for(i=0; i<10; i++)
        scanf("%d", &a[i]);
    printf("\n");
    for(i=0; i<10; i++)
        for(j=0; j<9-i; j++)
    if(a[j] > a[j+1])
    { t=a[j]; a[j]=a[j+1]; a[j+1]=t; }
    printf("the sorted numbers:\n");
    for(i=0; i<10; i++)
        printf("%d ", a[i]);
    printf("\n");
}
```

程序运行结果如下：

```
please input 10 numbers:
12 34 -20 7 9 55 82 6 -11↙
the sorted numbers:
-20 -11 4 6 7 9 12 34 55 82
```

6.2 二维数组

数组名后有两对方括号，即两个下标的数组叫二维数组，有三对方括号的数组叫三维数组，方括号对数大于或等于 2 的数组称为多维数组。C 语言允许使用多维数组，但本书主要介绍二维数组的应用。

6.2.1 二维数组的定义

二维数组的定义形式：

存储类型　数据类型　数组名[常量表达式 e1][常量表达式 e2];

二维数组定义的数组元素个数为 e1×e2。同一维数组一样，二维数组的每一维元素的下标都是从 0 开始。例如：

```
float b[2][3];
```

此二维数组有 2×3=6 个元素，分别为 b[0][0]、b[0][1]、b[0][2]、b[1][0]、b[1][1]、b[1][2]。这 6 个数组元素的类型均为实型。

注意：定义二维数组时要注意以下问题。

(1) 常量表达式可以包含常量和符号常量，但不能包含变量。例如：

① `int a[3][4];`
② `#define M 3`
   `#define N 4`
   `int a[M][N];`
③ `int a[3][1+3];`

都是定义了一个 3×4 的二维数组 a，但不允许有如下定义：

① `int n=4, m=3;`
   `int a[m][n];`
② `int b[3,4]`
③ `int c(2)(3);`

(2) 二维数组可以视为一个特殊的一维数组，它的每个元素又是一个一维数组。例如，定义二维数组 int a[3][4]; 可以看作：数组 a 包含 a[0]、a[1]、a[2]三个元素，而这三个元素均为一维数组。

a[0]包含a[0][0]、a[0][1]、a[0][2]、a[0][3]元素。
a[1]包含a[1][0]、a[1][1]、a[1][2]、a[1][3]元素。
a[2]包含a[2][0]、a[2][1]、a[2][2]、a[2][3]元素。

(3) 数组元素在存储器内存储的顺序是：先存储第一行的元素，再存储第二行的元素，依次类推。

6.2.2 二维数组元素的引用

不论是一维数组还是二维数组，都不能对数组进行整体引用，只能对具体的元素进行访问。

引用二维数组元素的一般格式是：

数组名[下标1][下标2]

在数组元素引用中要特别注意下标越界。因为系统不检查下标越界问题，所以程序设计者要特别注意。

例如，对于"int b[4][5];"引用 b[4][5]是错误的，因为该引用下标越界了。

6.2.3 二维数组元素的初始化

可以用下面的方法对二维数组进行初始化。

(1) 对数组全部元素赋值，这时允许二维数组定义中缺省行下标，但不能缺省列下标。

```
static int bb[3][2] = {{1,2}, {3,4}, {5,6}};
static int bb[3][2] = {1, 2, 3, 4, 5, 6};
static int bb[ ][2] = {1, 2, 3, 4, 5, 6};
static int bb[][2] = {{1,2}, {3,4}, {5,6}};
```

以上四种赋初值形式等效，执行后各元素的值为：

```
bb[0][0]=1    bb[0][1]=2
bb[1][0]=3    bb[1][1]=4
bb[2][0]=5    bb[2][1]=6
```

(2) 可以对部分元素赋初值。例如：

```
static int bb[3][2] = {{2}, { }, {7}};
```

执行该语句后，对各行的元素赋初值，当数组的存储类型为 static 时，一行内初值不够的元素与一维数组一样，编译系统自动给每个数组元素赋初值为0。

因此各元素的值是：

```
bb[0][0]=2    bb[0][1]=0
bb[1][0]=0    bb[1][1]=0
bb[2][0]=7    bb[2][1]=0
```

6.2.4 二维数组的应用举例

【例6.6】分析下列程序：

```c
#include <stdio.h>
void main()
{
   int a[5][5], i, j;
   for (i=0; i<5; i++)
      for (j=0; j<5; j++)
         if(i == j) a[i][j] = 1;
         else a[i][j] = 0;
   for (i=0; i<5; i++)
      printf("%d %d %d %d %d\n",a[i][0],a[i][1],a[i][2],a[i][3],a[i][4]);
}
```

从以上程序中分析得出：程序中定义了一个 5×5 的二维数组 a，并对二维数组各元素赋初值，当 i==j(即行、列相等)时 a[i][j]赋值 1，否则赋值 0。程序运行结果为：

```
1 0 0 0 0
0 1 0 0 0
0 0 1 0 0
0 0 0 1 0
0 0 0 0 1
```

【例6.7】求取矩阵 A 的两条对角线上的元素之和。代码如下：

```c
#include "stdio.h"
void main()
{
   int a[3][3]={1,2,3,4,5,6,7,8,9}, sum1=0, sum2=0, i, j;
   for (i=0; i<3; i++)
      for (j=0; j<3; j++)
         if (i == j) sum1 = sum1 + a[i][j];
   for (i=0; i<3; i++)
      for (j=2; j>=0; j--)
         if (i+j == 2) sum2 = sum2 + a[i][j];
   printf("sum1=%d, sum2=%d", sum1, sum2);
}
```

程序运行结果为：

sum1=15, sum2=15

【例 6.8】有一个 3×4 的矩阵，要求编程序求出其中最大值的那个元素的值及其所在的行号和列号。代码如下：

```c
#include <stdio.h>
void main()
```

```
{
    int i, j, row=0, colum=0, max;
    int a[3][4] = {{1,2,3,4}, {9,8,7,6}, {-10,10,-5,2}};
    max = a[0][0];
    for(i=0; i<=2; i++)
        for(j=0; j<=3; j++)
            if (a[i][j] > max)
            {
                max = a[i][j];
                row = i;
                colum = j;
            }
    printf("max=%d,row=%d, colum=%d\n", max, row, colum);
}
```

程序运行结果为：

max=10, row=2, colum=1

6.3 字符数组

C 语言中没有专门用于存放字符串的变量，字符串只能用字符数组来存放。每一个字符数组元素存放一个字符，它在内存中占用一个字节，所以用来存放字符或字符串的数组称为字符数组。字符数组的定义形式与前面介绍的数值数组相同。字符数组通常作为一个独特的数据结构，它与数值数组又有许多不同之处。

6.3.1 字符数组的定义

一维字符数组的定义形式如下：

存储类型 char 数组名[常量表达式] = {初始值};

二维字符数组的定义形式是：

存储类型 char 数组名[常量表达式e1][常量表达式e2] = {初始值};

二维字符数组定义的数组元素个数为 e1×e2。同数值数组一样，字符数组的每一维元素的下标都是从 0 开始。例如：

```
char aa[8];            /* 定义了长为 8 的一维字符数组 aa */
char bb[4][5];         /* 定义了 4×5 的二维字符数组 bb */
```

6.3.2 字符数组的初始化

关于字符数组的初始化，有如下两种方式。

(1) 用字符常量初始化数组。例如:

```
char ch[4] = {'a', 'b', 'c', 'd'};
```

或者

```
char ch[] = {'a', 'b', 'c', 'd'};
```

这里定义了包含 4 个字符的字符数组 ch,同时可以缺省数组定义长度。对于二维字符数组,可以缺省行下标,但不能缺省列下标。例如:

```
char st[3][5] =
   {{'c','h','i','n','a' },{'j','a','p','a','n'},{'k','o','r','e','a'}};
```

或者

```
char st[][5] =
   {{'c','h','i','n','a' },{'j','a','p','a','n'},{'k','o','r','e','a'}};
```

(2) 用字符串常量初始化数组。例如:

```
char ch[5] = {"abcd"};
```

该初始化法自动在末尾一个字符后加'\0'作为结束符。用字符串常量方式赋值比用字符常量赋值方式每行要多占一个字节。例如:

```
char st[3][6] = {"china", "japan", "korea"};
```

在初始化中,如果提供的字符个数多于数组元素的个数,则作为语法错误处理;如果字符个数小于元素个数,则多余的数组元素自动赋空格字符。

6.3.3 字符数组的引用及应用举例

字符数组的引用与数值型数组引用方法相同。

【例 6.9】输出一个字符串。代码如下:

```
#include <stdio.h>
void main()
{
   char c[14] =
   {'I', ' ', 'a', 'm', ' ', 'a',' ', 's', 't', 'u', 'd', 'e', 'n', 't'};
   int j;
   for (j=0; j<14; j++)
      printf("%c", c[j]);
   printf("\n");
}
```

本例是将字符串的字符逐个输出,使用的格式为"%c"。其运行结果为:

```
I am a student
```

【例 6.10】将字符数组初始化后再输出。程序代码如下:

```
#include <stdio.h>
void main()
{
    int i, j;
    char a[][6] = {"China", "Japan", "Korea"};
    for (i=0; i<3; i++)
        for (j=0; j<6; j++)
            printf("%c", a[i][j]);
}
```

本例用双重循环输出每个字符,当输出字符为'\0'时,系统会自动换为空格输出。

程序的运行结果为:

China Japan Korea

C 语言除了用格式符 "%c" 逐个字符输入输出外,还提供了字符串输入输出函数 printf()、puts()、scanf()、gets(),一次输入输出整个字符串,而不必使用循环语句逐个地输入输出每个字符。上例可以用如下方式输出字符:

```
#include <stdio.h>
void main()
{
    char a[][6] = {"China", "Japan", "Korea"};
    printf("%s   %s   %s\n", a[0], a[1], a[2]);
}
```

程序运行结果为:

China   Japan   Korea

用 "%s" 格式符输出字符串时,printf 函数中的输出项只需给出字符串首地址,而数组首地址可用数组名来表示。一维数组直接用数组名,二维数组可以看成多个一维数组构成的。本题中数组 a 相当于是由三个一维数组 a[0]、a[1]、a[2]构成,其中 a[0]是 "China" 字符串首地址,a[1]是 "Japan" 字符串首地址,a[2]是 "Korea" 字符串首地址。

【例 6.11】从键盘输入一字符串并且输出。代码如下:

```
#include <stdio.h>
void main()
{
    char ch[20];
    printf("input string: ");
    scanf("%s", ch);
    printf("%s\n", ch);
}
```

该例中定义的数组长度为 20,因此在输入字符时长度应小于 20,以留出一个字节存放字符结束符 '\0'。运行该程序时,若输入字符串 "Student" 时,其运行结果为:

input string: Student↙

Student

这是因为 scanf 函数以回车、空格作为字符串结束标志,若输入字符串"We learn Turbo C"时,其运行结果为:

input string: We learn Turbo C✓

因此字符串空格后的字符不输出。要解决带空格字符串的输入有两种方法:一种是多设几个字符数组,另一种方法是采用 gets()函数。以上例题可以改为如下两种方式。

(1) 用多个字符串数组实现。代码如下:

```
#include <stdio.h>
void main()
{
    char ch1[8], ch2[8], ch3[8], ch4[8];
    printf("input string: ");
    scanf("%s %s %s %s", ch1, ch2, ch3, ch4);
    printf("%s %s %s\n", ch1, ch2, ch3, ch4);
}
```

程序运行结果为:

input string: We learn Turbo C✓
We learn Turbo C

(2) 用 gets()函数实现。代码如下:

```
#include <stdio.h>
main()
{
    char ch1[20];
    printf("input string: ");
    gets(ch);
    puts(ch);
}
```

程序运行结果为:

input string: We learn Turbo C✓
We learn Turbo C

【例 6.12】编写程序找出字符串 str 中包含子串 substr 的全部字符第一次出现的位置,如果找到则打印出此位置(下标),否则打印-1。

```
#include <stdio.h>
void main()
{
    char str[]={"This is a string"}, substr[]={"string"};
    int i, j, k;
    for(i=0; str[i]!='\0'; i++)
    {
```

```
        for(j=i,k=0; substr[k]!='\0'&&str[j]==substr[k]; j++,k++) ;
        if(substr[k] == '\0') break;
    }
    if(substr[k] == '\0')
        printf("%d\n", i);
    else
        printf("%d\n", -1);
}
```

程序运行结果为：

10

6.3.4 字符串处理函数

在 C 语言库函数中提供了一些用来处理字符串的函数，用户可以直接调用这些函数更加方便地编程。下面介绍几个常见字符串函数的格式、功能及使用方法。

调用字符串函数时，要求在源文件中包含头文件 string.h。参见附录 B。

1. 字符串输出函数 puts

格式：

puts(字符串数组名);

功能：将一个字符串(以'\0'结束的字符序列)输出到终端。

用 puts 函数输出的字符串中可以包含转义字符。例如：

```
char str[] = {"China\nBeijing"};
puts(str);
```

输出为：

China
Beijing

2. 字符串输入函数 gets

格式：

gets(字符数组名);

功能：从键盘输入一字符串到字符数组，并且得到一个函数值，该函数值是字符数组的起始地址。如执行下面的函数：

gets(str);

从键盘输入：Student✓

将输入的字符串"Student"送给字符数组 str，函数值为字符数组 str 的起始地址。一般利用 gets 函数的目的是向字符数组输入一个字符串，而不太关心其函数值。

用 puts 和 gets 函数只能输入或输出一个字符串，不能写成多个字符串的输入或输出，如下所示都是非法的：puts(str1, str2)或 gets(str1, str2)。

3．字符串连接函数 strcat

格式：

strcat(字符数组1, 字符数组2);

功能：把字符数组 2 中的字符串接到字符数组 1 中的字符串后面，结果放在字符数组 1 中，并取消字符数组 1 中的'\0'，函数调用后得到的返回值为字符数组 1 的首地址。

使用时，字符数组 1 必须足够大，以便容纳连接后的新字符串。

【例 6.13】 分析下列程序的运行结果。

```c
#include <string.h>
#include <stdio.h>
void main()
{
    static char str1[30] = "My name is ";
    char str2[10];
    printf("Input your name: ");
    gets(str2);
    strcat(str1, str2);
    puts(str1);
}
```

从键盘输入名字字符串存入 str2 数组，执行连接字符串函数后，将 str1 与 str2 合并存入 str1 中，其运行结果为：

```
Input your name: LiPing✓
My name is LiPing
```

4．字符串复制函数 strcpy

格式：

strcpy(字符数组1, 字符数组2);

功能：把字符数组 2 复制到字符数组 1 中去。串结束符'\0'也一同复制，字符数组 2 可以为字符串常量。使用时要注意如下几点。

(1) 字符数组 1 必须定义得足够大，以便能存放被复制的字符串，字符数组 1 的长度不应小于字符串 2 的长度。

(2) "字符数组 1"必须写成数组名形式，不能为字符串常量。

(3) 不能用赋值语句将一个字符串常量或字符数组直接赋给一个字符数组。

5．字符串比较函数 strcmp

格式：

strcmp(字符数组1, 字符数组2);

功能：按照 ASCII 码顺序比较两个字符数组中的字符串，由函数返回值可以比较结果。也可以用于比较两个字符串常量或数组与字符串常量。

比较结果如下。
- 字符串 1==字符串 2，函数值为 0。
- 字符串 1>字符串 2，函数值为正整数。
- 字符串 1<字符串 2，函数值为负整数。

对两个字符串比较，不能用以下形式：

if (str1 == str2) printf("yes");

而只能用：

if (strcmp(str1, str2) == 0) printf("yes");

6. 检测字符串长度函数 strlen

格式：

strlen(字符数组);

功能：该函数值为字符串实际长度，即字符串中不包括'\0'在内的字符个数。

例如：

char str[] = "Computer"
Printf("%d\n", strlen(str));

输出结果为 8。

7. 大写字母转换为小写字母函数 strlwr

格式：

strlwr(字符数组);

功能：将字符串中的大写字母转换成小写字母。

8. 小写母字转换为大写字母函数 strupr

格式：

strupr(字符数组);

功能：将字符串中的小写字母转换成大写字母。

6.4 程序综合举例

【例 6.14】输入一行字符，统计其中有多少个单词，单词之间用空格分隔开。

程序分析：设变量 i 作为循环变量，num 用来统计单词个数，word 作为判断是否为单词的标志。若 word=0，表示未出现单词；若 word=1，表示出现单词。算法如图 6.1 所示。

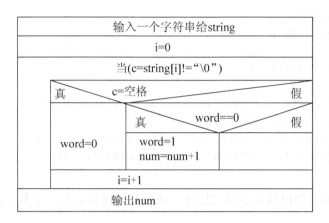

图 6.1　程序流程

程序如下：

```
#include <stdio.h>
void main()
{
    char string[80];
    int i, num=0, word=0;
    char c;
    gets(string);
    for(i=0; (c=string[i])!='\0'; i++)
        if (c == ' ') word = 0;
        else if (word == 0)
        { word=1; num++; }
    printf("there are %d words in the line.\n", num);
}
```

单词的数目可以由空格出现的次数决定，连续若干个空格作为出现一次空格；一行开头的空格不统计在内。如果测出某一个字符为非空格，它的前面的字符是空格，则表示新的单词开始了，此时使 num 累加 1。如果当前字符为非空格而其前面的字符也是非空格，则意味着仍然是原来那个单词的继续，num 不加 1。前面一个字符是否为空格可以从 word 的值看出来，若 word=0，则表示前一个字符是空格；若 word=1，表示前一个字符为非空格。

【例 6.15】有 3 个字符串，要求找出其中的最大者。

设一个二维数组 str，大小为 3×20，即有 3 行 20 列，每一行都看成一个一维数组，即 str[0]、str[1]、str[2]，它们都可以存放 19 个元素(因为最后一个元素为'\0')，可以用 gets 函数分别读入 3 个字符串，经过两次比较就可得到最大者，把它存放在 max 中。

代码如下：

```
#include <string.h>
#include <stdio.h>
void main()
{
```

```
    char max[20];
    char str[3][20];
    int i;
    for (i=0; i<3; i++)
        gets(str[i]);
    if (strcmp(str[0], str[1]) > 0) strcpy(max, str[0]);
    else strcpy(max, str[1]);
    if (strcmp(str[2], max) > 0) strcpy(max, str[2]);
    printf("\n the largest string is: \n$s\n", max);
}
```

【例 6.16】将一数组按从小到大排序,然后从键盘再输入一个数,插入到该数组中,使之仍然有序。

程序分析:首先采用冒泡法将已知数组排序;从排序后数组末尾向前逐个与新输入数据 m 进行比较,若 m 小于数组元素的值,将该元素向后移动一个元素(搬家),直至 m 大于或等于某个数组元素的值为止,空出新数据的插入位置;插入新数据。代码如下:

```
#include <stdio.h>
void main()
{
    int m, i, n, t, j, a[11]={127,3,8,28,54,108,87,100,11,20};
    printf("\nplease input anyone integer:");
    scanf("%d", &m);                    /* 输入待插入的新数据 */
    /* 采用冒泡法将已知数组排序 */
    for (n=10; n!=1; n--)
        for(i=0; i<n-1; i++)
            if(a[i] > a[i+1])
            { t=a[i]; a[i]=a[i+1]; a[i+1]=t; }
    /* 查找新输入数据在排序后数组中的位置、搬家、插入 */
    for(n=10,i=0; i<n; i++)
        if(m < a[i])
        {
            for (j=n; j>=i; j--)
                a[j] = a[j-1];
            a[i] = m;
            break;
        }
    if(i == n)
        a[n] = m;
    /* 输出插入后数组各元素值 */
    for (i=0,n=11; i<n; i++)
        printf("%d   ", a[i]);
}
```

程序运行结果为:

```
please input anyone integer:33↙
3  8  11  20  28  33  54  87  100  108  127
```

【例 6.17】编写程序，将字符串 str 中的字符位置颠倒过来。例如，str 字符串中值为"abcdefg"，颠倒后变为"gfedcba"。

程序如下：

```
#include <stdio.h>
#include <string.h>
void main()
{
    char str[80], c;
    int i, j;
    gets(str);
    for(i=0,j=strlen(str)-1; i<j; i++,j--)
    { c=str[i]; str[i]=str[j]; str[j]=c; }
    puts(str);
}
```

【例 6.18】编写一个统计某班 3 门课程成绩的程序，3 门课程是语文、数学和英语。先输入学生人数，然后输入各个学生的姓名和各科成绩，计算出每个学生课程的总成绩和平均成绩，最后统计每门课程全班的总成绩和平均成绩，并按学生平均成绩从高到低排名输出成绩表。

代码如下：

```
#include <stdio.h>
#include <string.h>
void main()
{
    int score[50][5], total[5], avg[5];
    char name[50][10], tc[10];
    int i, j, r, n, k, t;
    printf("student total number: ");
    scanf("%d", &n);

    for(i=0; i<n; i++)
    {
        score[i][3] = 0;
        printf("the %d student nname: ", i+1);
        getchar();                   /* 吸收掉上次输入数据的回车符 */
        gets(name[i]);
        printf("input  %s student three scores: \n", name[i]);
        for(j=0; j<3; j++)
        {
            scanf("%d", &score[i][j]);
            score[i][3] += score[i][j];
        }
```

```
            score[i][4] = score[i][3]/3;
        }

        for(j=0; j<5; j++)                    /* 求各科总成绩和平均成绩 */
        {
            for (i=0,total[j]=0; i<n; i++)
            total[j] += score[i][j];
            avg[j] = total[j]/n;
        }

        for (i=0; i<n-1; i++)                 /* 学生成绩排序 */
        {
            k = i;
            for (j=i+1; j<n; j++)
                if(score[k][4] < score[j][4]) k = j;
            if(k != i)
            {
                strcpy(tc, name[i]);
                strcpy(name[i], name[k]);
                strcpy(name[k], tc);
                for(r=0; r<5; r++)
                {
                    t = score[i][r];
                    score[i][r] = score[k][r];
                    score[k][r] = t;
                }
            }
        }

        /* 输出学生成绩表 */
        printf("\n number name   chinese  maths   english total average\n");
        for (i=0; i<n; i++)
        {
            printf("%-5d", i+1);
            for (j=0; j<5; j++)
                printf("%8d", score[i][j]);
            printf("\n\n");
        }

        printf("class total score: ");
        for (i=0; i<5; i++)
            printf("%7d", total[i]);
        printf("\nclass average score: ");
        for (i=0; i<5; i++)
            printf("%7d", avg[i]);
        printf("\n");
    }
```

6.5 上机实训

1. 实训目的

(1) 掌握一维数组、二维数组的定义。
(2) 掌握数组元素的赋值、引用方法。
(3) 掌握字符数组及常见字符串处理函数的使用。
(4) 掌握与数组有关的程序设计方法。

2. 实训内容

实训 1 用随机函数产生 20 个 1000 以内的整数存入数组 a 中，用冒泡法将它们从大到小排序后输出。

实训 2 编写一个程序，将字符数组 s2 中的全部字符复制到字符数组 s1 中，不能用 strcpy 函数。复制时，'\0'也要复制过去，但'\0'后面的字符不复制。

实训 3 从键盘输入 整数，然后在一给定的整数数组中进行查找，若找到此数，则将其删除；否则，给出没有找到的提示。

实训 4 从键盘输入某班学生姓名和上期期末各科成绩，设有 n 个学生(n<50)，每个学生学习 m 门课程(m<10)。编程计算每个学生的平均成绩，并按从高到低的顺序排列输出学生成绩表，最后统计出全班每门课程的最高分、最低分和平均成绩。

3. 实训报告

(1) 提交源程序清单：将各题源程序文件、目标文件和可执行文件保存于规定盘上。
(2) 提交书面实验报告：报告包括原题、流程图、源程序清单及实验收获(如上机调试过程中遇到的问题及其解决方法)和总结等。

习 题

一、判断题

(1) C 语言数组元素的下标必须是正整数、0 或者整型表达式。　　　　　　(　)
(2) C 语言的数组名是地址常量，不能对其进行赋值运算和自加、减运算。(　)
(3) C 语言数组的下标下限为 0，上限为用户定义的变量表达式的值。　　(　)
(4) 用函数 strlen 检测字符串长度时应包含字符串结束符'\0'。　　　　　　(　)
(5) 能够用关系运算符比较两个字符串的大小。　　　　　　　　　　　　(　)
(6) 不能直接用赋值语句将字符串赋给字符数组。　　　　　　　　　　　(　)

二、单项选择题

(1) 以下能对外部一维数组 a 进行正确初始化的语句有(   )。
    A. `int a[10] = {0, 0, 0, 0 ,0};`   B. `int a[0] = {  };`
    C. `int a[] = {0}`   D. `int a[10] = {10*1}`

(2) 若二维数组 a 有 m 列，则在 a[i][j]之前的元素个数是(   )。
    A. j*m+i   B. i*m+j
    C. i*m+j-1   D. i*m+j+1

(3) 判断字符串 s1 是否大于字符串 s2，应当使用(   )。
    A. `if(s1 > s2)`   B. `if(strcmp(s1,s2))`
    C. `if(strcmp(s1,s2) > 0)`   D. `if(strcmp(s2,s1))`

(4) 若定义了 "int a[3][2];"，则 printf("%d", a[1][0]);语句输出的是第(   )个元素。
    A. 1   B. 3   C. 4   D. 5

(5) 在执行 char str[10]="ch\nina";后，strlen(str)的结果是(   )。
    A. 5   B. 6   C. 7   D. 9

(6) 当接收用户输入的含空格的字符串时，应使用(   )函数。
    A. scanf()   B. gets()   C. getchar()   D. getc()

(7) 下列程序运行的结果是(   )。

```
#include <stdio.h>
#include "string.h"
void main()
{
    char a[20]="Programing", b[20]="English";
    strcpy(a, b); printf("%d", strlen(a))
}
```

    A. 10   B. 17   C. 7   D. 8

三、阅读下列程序并写出运行结果

(1)
```
#include <stdio.h>
void main()
{
    char str[] = {"1a2b3c"};
    int i;
    for (i=0; str[i]!='\0'; i++)
        if (str[i]>='0' && str[i]<='9')
            printf("%c", str[i]);
    printf("\n");
}
```

(2)
```c
#include <stdio.h>
void main()
{
    int i, j, i1=0, j1=0, m;
    static int s[3][3] = {{101, 201, 301},{11, 18, 30}, {60, 20, 70}};
    m = s[0][0];
    for (i=0; i<3; i++)
        for(j=0; j<3; j++)
            if (s[i][j] < m)
            { m=s[i][j]; i1=i; j1=j; }
    printf("%d, %d, %d\n", m, i1, j1);
}
```

(3)
```c
#include <stdio.h>
void main()
{
    static int a[4][5] = {1, 2, 4, -4, -4, 6, -9, 3};
    int b, i, j, i1, j1, n;
    n=-9;  b=0;
    for (i=0; i<4; i++)
    {
        for (j=0; j<5; j++)
            if (a[i][j] == n)
            { i1=i; j1=j; b=1; break;}
        if(b) break;
    }
    printf("%d, %d,\n", n, i1*5+j1+1);
}
```

(4)
```c
#include <stdio.h>
void main()
{
    int i;
    char s[10], st[10];
    gets(st);
    for (i=0; i<4; i++)
    {
        gets(s);
        if (strcmp(st, s) < 0) strcpy(st, s);
    }
    printf("%s\n", st);
}
```

输入数据如下：

C++
BASIC
QUICK
Ada
Pascal

四、程序填空题

(1) 下列程序是打印杨辉三角的前 10 行，其输出格式见右侧。

```
void main()
{int i, j, a[10][10];                          1
for (i=0; i<10; i++)                        1   1
{a[i][0]=1; a[i][i]=1;}                   1   2   1
for (i=2; i<10; i++)                    1   3   3   1
for (j=1; j<i; j++)                   1   4   6   4   1
   a[i][j] = _____ +a[i-1][j];   1   5  10  10   5   1
for (i=0; i<10; i++)                        ...
{
   for (j=0; _____; j++)
      printf("%6d", a[i][j]);
   _____;
} }
```

(2) 下列程序使数组元素按大小顺序排列。

```
#include <stdio.h>
void main()
{
   static int a[12]={2,14,16,20,9,21,86,75,17,30,11,99}, i, j, t;
   for (i=0; i<12; i++)
      for(j=i+1; j<12; j++)
         if (a[i] < ____)
         { t=a[i];  a[i]=____;  ____=t; }
   for(i=0; i<12; i++)
      printf("%6d", a[i]);
   printf("\n");
}
```

五、编程题

(1) 编程实现：从键盘任意输入 20 个数，分别统计非负数、负数的个数，并分别计算非负数、负数的和。

(2) 输入 5×5 的矩阵，编程实现：
① 分别求两对角线上的各元素之和。
② 求两对角线上行、列下标均为偶数的各元素之和。

(3) 不用 strcat 函数编程实现字符串连接函数 strcat 的功能,将字符串 S2 连接到字符串 S1 的尾部。
(4) 将一个数组中的值按逆序重新存放。
(5) 编程将用户输入的十进制数转换成二进制数。

第 7 章 函数及编译预处理

【本章要点】

由 C 程序结构可知,一个完整的 C 语言程序是由一个且只能由一个 main()函数(又称主函数)和若干个其他函数组合而成的。而前面各章仅学习了 main()函数的编程,本章将介绍其他函数的编程,包括其他函数的定义、调用、参数传递及变量的作用域等。

在 C 语言中,一个 C 语言程序可以由一个主函数和若干个其他函数构成。主函数调用其他函数,其他函数相互调用,如图 7.1 所示。同一个函数可以被一个或多个函数任意调用多次。

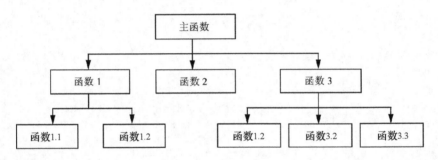

图 7.1 C 语言的程序结构

从用户使用角度来看,C 语言的函数分为标准函数和用户自定义函数两种。标准函数即为库函数,这是由系统提供的函数,用户不必自己定义,只要在源文件的开头用#include 命令将调用的库函数信息包含到文件中来,程序中就可以调用了。而用户自定义函数是用户根据自己的任务要求,自己编写的函数。本章主要介绍该类自定义函数的定义和调用。

7.1 函数的定义和调用

7.1.1 函数的定义

函数定义的一般形式有如下两种。
(1) 函数定义的传统形式。具体如下:

存储类型 数据类型 函数名(形参表)
形参类型说明语句序列
{
    函数体
}

(2) 函数定义的现代形式。具体如下：

存储类型　数据类型　函数名(类型　参数1，类型　参数2，...)
{
    函数体
}

例如，一个求和函数可以写成：

```
int sum(x, y)
int x;
int y;
{
    return (x+y);
}
```

也可写成：

```
int sum(int x, int y)
{
    return (x+y);
}
```

这个函数的函数名为 sum，形式参数是整型的 x、y，函数体是{return(x+y);}，完成两个数的求和功能。函数类型为 int 型(函数返回值为 int 型)。

关于函数定义的几点说明如下。

- 一个源程序文件由一个或多个函数组成。其中必有一个函数名为 main 的函数，程序的执行是从 main 函数开始，调用其他函数后流程回到 main()函数，在 main()函数中结束整个程序的运行。
- 一个 C 程序由一个或多个源程序文件组成。
- 函数类型指出该函数返回值的类型。有 int、float、char 等，若函数无返回值，函数可以定义为空类型 void。默认为 int。
- 函数名符合标识的定义。一般提倡函数名与函数内容有一定关系，以增强程序的可读性。
- 函数的形参表可有可无，无形参表的函数称为无参函数。但函数名后的()不能省略。在调用无参函数时，主调函数并不将数据传送给被调函数，一般用来执行指定的一组操作。
- 有参函数可由一个或多个形参组成，多个参数之间用逗号隔开。在调用该类函数时，主调函数可以将数据传送给被调用函数使用。

7.1.2 函数说明与调用

函数的使用与变量的使用类似，使用前要先定义其类型然后才能使用。主调函数调用被调函数时，在调用前应先对被调函数进行说明，即先说明后调用。

C语言中，函数说明的一般格式如下：

存储类型　数据类型　函数名();

当函数类型为 int 型，或被调函数定义在主调函数之前时，可以省略对被调函数的说明。

编好一个函数后，要由主调函数来调用才能发挥作用。一个函数(主调函数)在执行过程中去执行另一个函数(被调函数)，称为函数调用。当被调函数执行完毕后，返回到主调函数调用处之后继续执行，称为函数调用返回。C语言中调用函数的一般格式为：

函数名(实参表);

函数调用按其在程序中出现的位置来分，可有如下三种调用方式。

1. 函数表达式

函数出现在一个表达式中，这种表达式称为函数表达式。这种表达式需要函数返回一个确定的值。

【例 7.1】求三个任意数中的最大数。代码如下：

```
float f(x, y)
float x, y;
{
    float max;
    max = x>y ? x : y;
    return(max);
}
#include "stdio.h"
void main()
{
    float a, b, c, max;
    printf("请输入任意三个实数:");
    scanf("%f,%f, %f", &a, &b, &c);
    max = f(a, b);
    max = f(max, c);
    printf("最大数是:%f", max);
    printf("\n");
}
```

被调函数 f()定义在主调函数 main()之前，省略了对被调函数 f()的说明。

2. 函数参数

把函数调用作为一个函数的实在参数。例如：

```
void main()
{
    float a, b, c, max;
    printf("请输入任意三个实数:");
    scanf("%f,%f, %f", &a, &b, &c);
    max = f(f(a,b),c);                    /* 调用例 7.1 的被调函数 */
```

```
    printf("最大数是:%f", max);
    printf("\n");
}
```

3．函数语句

把函数调用作为一个语句，不要求函数带回值，只要求函数完成一定的操作。例如：

```
#include "stdio.h"
void main()
{
    float a, b, c, max;
    void f();
    printf("请输入任意三个实数:");
    scanf("%f,%f, %f", &a, &b, &c);
    f (a, b, c);
    printf("\n");
}

void f(x, y, z)
float x, y, z;
{
    float max;
    if (x > y) max = x;
    else max = y;
    if (max < z) max = z;
    printf("最大数是:%f", max);
}
```

7.1.3 函数的返回值

通常，希望通过函数调用后使主调函数能得到一个确定的值，这就是函数的返回值。如例 7.1 所示，返回值为 max。

(1) 函数的返回值是通过函数中的 return 语句获得的。return 语句将被调函数中的一个确定值带回主调函数中去。一个函数中可以有一个以上的 return 语句，执行到哪一个 return 语句，哪一个语句就会起作用。

(2) 函数的数据类型即为函数返回值的类型。若在定义函数时，没有进行数据类型说明，一律自动按 int 处理。如果函数值的类型和 return 语句中表达式值的类型不一致，则以函数类型为准。对于数据型数据，可以自动进行类型转换，即函数类型决定返回值的类型。

(3) 如果被调函数中没有 return 语句，函数带回一个不确定的值。为了明确表示不带回值，可以用 void 说明无类型(或称"空类型")。为了减少程序出错，保证正确调用，凡不要求带回函数值的函数，一般都定义为 void 类型。

7.2 变量的作用域

在 C 语言中，变量的定义形式和位置不同，其作用的范围就不同，变量的作用范围称为变量的作用域。根据变量的作用域，变量分为局部变量和全局变量。

7.2.1 局部变量

在一个函数内部定义的变量称为局部变量。它只在本函数范围内有效，也就是说只有在本函数内才能使用它们，在此函数以外是不能使用这些变量的。例如：

```
float f1(int a, float x)
{
   int b, c;
   ...
}

char f2(int x, int y)
{
   float c;
   ...
}

void main()
{
   int m, n;
   ...
}
```

说明：
- 在主函数 main 中定义的变量 m、n 只能在主函数中有效，而在 f1 和 f2 中是无效的；变量 b、c 只能在函数 f1 中有效；变量 a 只能在函数 f2 中有效。
- 不同函数中可以使用相同的变量名，它们代表不同的对象，在内存中占不同的存储单元，互不干扰。例如，函数 f1 中的变量 c 和函数 f2 中的变量 c。
- 形式参数也是局部变量。它们与函数中的其他变量类似，代表不同的对象，例如，函数 f1 中的形参 x 和函数 f2 中的 x。

7.2.2 全局变量

程序的编译单位是源程序文件，一个源文件可以包含一个或若干个函数。在函数内部定义的变量称为局部变量。在函数外部定义的变量称为全局变量，又称为外部变量。全局变量可以为该文件中其他函数所共用。它的有效范围为从定义变量的位置开始到本源文件

结束。例如:

```
int p, q;                    /*全局变量*/
float f1(int a)              /*定义函数f1*/
{
    int b, c;
    ...
}
char c1, c2;                 /*全局变量*/
char f2(int x, int y)        /*定义函数f2*/
{
    float i, j;
    ...
}
void main()                  /*主函数*/
{
    int m, n;
    ...
}
```

全局变量 c1、c2 的作用范围

全局变量 p、q 的作用范围

p、q、c1、c2 都是全局变量,但它们的作用范围不同,在 main()函数和 f2 函数中可以使用全局变量 p、q、c1、c2,但在函数 f1 中只能使用全局变量 p、q。

【例 7.2】全局变量与局部变量同名。程序代码如下:

```
int a=3, b=5;
max(int a, int b)
{
    int c;
    c = a>b ? a : b;
    return(c);
}
void main()
{
    int a = 8;
    printf("%d", max(a, b));
}
```

程序运行结果为:8。

程序中第 1 行定义了全局变量 a、b,并进行了初始化。第 2 行开始定义函数 max,a 和 b 是形式参数,形参也为局部变量。函数 max 中的 a、b 不是全局变量 a、b,它们的值是由实参传给形参的,全局变量 a、b 在 max 函数内不起作用。在主函数 main 中定义了一个局部变量 a,因此全局变量 a 在 main 函数内不起作用,而全局变量 b 在此范围内有效。

如果在同一个源文件中,全局变量与局部变量同名,则在局部变量的作用范围内,全局变量被"屏蔽",即它不起作用。

设置全局变量增加了函数间数据联系的渠道。由于同一文件中的所有函数都能引用全部变量的值,因此,如果在一个函数中改变了全局变量的值,就能影响到其他函数,相当于各函数间有直接的传送通道。由于函数的调用只能带回一个返回值，因此有时可以利用全局变量增加与函数之间的联系，从函数得到一个以上的返回值。

【例 7.3】一数组中存放有 10 个学生的成绩，写一个函数求出平均分、最高分和最低分。

分析：该函数应返回平均分、最高分和最低分三个数值，而 return()只能返回一个值，所以将最高分 max 和最低分 min 设置为全局变量。

程序如下：

```c
float max=0, min=0;
float average(float a[], int n)
{
    int i;
    float aver, sum=a[0];
    max = min = a[0];
    for (i=1; i<n; i++)
    {
        if (a[i] > max) max = a[i];
        else if (a[i] < min) min = a[i];
        sum = sum + a[i];
    }
    aver = sum / n;
    return(aver);
}
void main()
{
    float ave, score[10];
    int i;
    for(i=0; i<10; i++)
        scanf("%f", &score[i]);
    ave = average(score, 10);
    printf("max=%6.2f\nmin=%6.2f\naverage=%6.2f\n", max, min, ave);
}
```

程序运行结果为：

```
87 77 45 63 89 88 94 99 38 68✓
max=99.00
min=38.00
average=74.80
```

全局变量在程序的全部执行过程中都占用存储单元，而不是在需要时才分配存储单元。过多地使用全局变量，会降低程序的清晰度和通用性，因为人们往往难以清楚地判断出每个瞬时各个全局变量的值。同时函数在执行时要依赖于其所在的全局变量，如果将一个函数移到另一个文件中，还要将有关的全局变量及其值一起移过去。因此建议非必要时不要使用全局变量。

7.3 变量的存储类型

7.3.1 静态存储方式和动态存储方式

从变量的作用域范围来分，变量可以分为全局变量和局部变量；从变量值存在的时间来分，可以分为静态存储方式和动态存储方式。

静态存储方式是指在程序运行期间分配固定的存储空间；而动态存储方式是指在程序运行期间根据需要进行动态分配存储的空间。

在内存中供用户使用的存储空间是由程序区、静态存储区和动态存储区三部分组成。数据分别存放在静态存储区和动态存储区中。全局变量存放在静态存储区中，在程序开始时就给全局变量分配存储区，程序执行完时才释放存储空间。在程序执行过程中占用固定存储单元，而不是动态分配和释放存储空间。

动态存储区主要存放函数的形式参数、自动变量和函数使用时的现场保护和返回地址等。对于这些数据，在函数调用开始分配动态存储空间，函数结束时释放这些空间。如果一程序中两次调用同一个函数，每次分配给函数中局部变量的存储地址可能是不相同的。

7.3.2 变量的存储类型

一个变量和函数都存在两种属性：一种是数据类型属性，它说明变量占有存储空间的大小，如读者已熟悉的整型、实型、字符型等。另一种是变量的存储类型，主要有 auto(自动)型、register(寄存器)型、static(静态)型和 extern(外部)型四种。

1. auto(自动)变量

auto 变量只用于定义局部变量，存储在内存中的动态存储区。自动变量的定义形式为：

auto 数据类型　变量名表；

局部变量存储类型缺省时为 auto 型。例如：

```
int f(int x)                /* 定义 f 函数，a 为形参 */
{
   auto int a, b;           /* 定义整型变量 a、b 为自动变量 */
   float y;                 /* 定义 y，缺省存储类型时为自动变量 */
   ...
}
```

2. static(静态)变量

static 型既可定义全局变量，又可以定义局部变量，在静态存储区分配存储单元。在整个程序运行期间，静态变量自始至终占用被分配的存储空间。

定义形式为：

static 数据类型　变量名表；

> **注意：** ① 静态局部变量是在编译时赋初值的，即赋初值一次，在程序运行时它已有初值。以后每次调用函数时不再重新赋初值，而只引用上次函数调用结束时的值。
> ② 若在定义静态局部变量时没有赋初值，编译时自动赋初值 0(对数值变量)或空字符(对字符变量)。
> ③ 定义全局变量时，全局变量的有效范围是它所在的源文件，其他源文件不能使用。

【例 7.4】分析下列程序的运行结果。

```
void main()
{
    void f();
    f();
    f();
    f();
}
void f()
{
    int x = 0;
    x++;
    printf("%d\t", x);
}
```

在 f()函数中，由于 x 是 auto 型变量，其存储空间是动态分配的，每次调用 f()函数时分配两个字节存储空间，本次调用结束后释放所占用的存储空间，其值不保留。因此三次调用 f()函数结果相同。程序运行结果为：

1　　1　　1

若将该例中的语句"int x=0;"改为"static int x=0;"则 x 被定义为静态局部变量，整个程序运行过程中，编译系统为其在静态存储区固定分配两个字节存储单元，初值为 0。每次调用 f()，x 值将发生变化，变化后的值被保留，带入下次调用 f()函数中，因此修改程序后，程序运行结果为：

1　　2　　3

3. register(寄存器)变量

一般情况下，变量的值是存放在内存中的。如果某些变量要频繁使用，同时为了提高变量的存取时间，则将这些变量存放在寄存器中，这时可将变量定义为 register 型。定义形式为：

register 数据类型　变量名表；

在定义这类变量时要注意：

- 一个计算机系统中寄存器的数量是有限的，因此不能定义太多的寄存器变量。
- 只有局部自动变量和形式参数可以定义为寄存器变量，全局变量和静态存储变量不能定义为寄存器变量。

【例 7.5】 分析下列程序存在的错误。

```
void main()
{
    register int x;
    x = 1000;
    printf("%d\n", &x);
}
```

寄存器变量 x 不能使用"&"运算符，因此要将寄存器变量改为非寄存器变量，即定义为：

```
int x;
```

4．extern(外部)变量

extern 变量称为外部变量，就是全局变量，是对同一类变量的不同提法，全局变量是从作用域角度提出的，外部变量是从其存储方式提出的，表示它的生存期。外部变量的定义必须在所有函数之外，且只能定义一次，其定义形式为：

extern 数据类型 变量名表；

若 extern 型变量的定义在后，使用在前，或者引用其他文件的 extern 型变量，这时必须用 extern 对该变量进行外部说明。

【例 7.6】 extern 型变量定义与外部说明示例。代码如下：

```
#include "stdio.h"
int b = 3;                          /* 定义 extern 型变量 b */
void main()
{
    extern int a;                   /* extern 型变量 a 的外部说明 */
    printf("a=%d\tb=%d\n", a, b);
}
int a = 18;                         /* 定义 extern 型变量 a */
```

程序中定义了两个全局变量 a、b，其中变量 a 定义在使用之后，因此必须加外部说明语句。而变量 b 定义在使用之前，因此可以缺省外部说明语句。程序的运行结果为：

a=18   b=3

【例 7.7】 分析下列程序。

```
/* 源文件 file1.c */
int i;                 /* 定义 extern 型变量 i */
void main()
{
    i++;
```

```
        printf("i=%d\n", i);
        next();
    }
    int i = 3;                  /* i 变量赋初值 */
    static int next()
    {
        i++;
        printf("i=%d\n", i);
        other();
    }
    /* 源文件 file2.c */
    extern int i;               /* 对 extern 型变量 i 进行外部说明 */
    int other()
    {
        i++;
        printf("i=%d\n", i);
    }
```

本程序中包含两个源文件，在 file1.c 中定义了变量 i 为全局变量，初值为 3，可被其他源文件引用。编译时，首先在静态存储区为变量分配两个字节的存储单元，初值为 3。当执行 main() 函数中的 "i++;" 语句后，其值修改为 4。所以 next() 函数中 i 值为 4，执行 next() 函数中的 "i++;" 语句后，i 变量值修改为 5。而 file2.c 中变量 i 做了外部说明，即引用 file1.c 中的变量 i，值为 5。执行 "i++;" 语句后其值为 6。因此，程序运行结果是：

```
i=4
i=5
i=6
```

7.4 函数间的数据传送

主调函数与被调函数之间的数据传递可通过参数进行，主调函数的参数称为实参，被调函数的参数称为形参。函数间数据传递方式主要有传值方式、传址方式、利用参数返回结果、利用函数返回值和利用全局变量传递数据等。

7.4.1 传值方式

传值方式又称数据复制方式，它是把主调函数的实参值本身复制给被调用函数的形参，使形参获得初始值。使用这种传递方式时应注意以下几点。

(1) 实参向形参传递数据是单向的，且按顺序一一对应。实参可以是变量、常量、函数调用和表达式，但必须有确定值，在调用时将实参的值赋给形参变量。

(2) 在被定义的函数中，必须指定形参类型。调用时要求实参与形参类型一致。

(3) 形参、实参各占独立的存储空间。形参在函数被使用时，系统为其动态分配临时存储空间，函数返回时，释放存储空间，因此实参与形参可以同名，也可以不同名，而且形参数值发生变化时，实参值不变。

(4) 形参属于局部变量。

【例7.8】 分析下列程序的执行结果。

```
void main()
{
    int a=3, b=5;
    void swap(int x, int y);              /* 函数说明 */
    swap(a, b);
    printf("a=%d,b=%d\n", a, b);          /* a、b 变量为实参 */
}
void swap(int x, int y)                   /* x、y 变量为形参 */
{
    int temp;
    temp=x, x=y, y=temp;
    printf("x=%d,y=%d\n", x, y);
}
```

实参为 main() 函数中的整型变量 a、b，值为 3 和 5，形参为 swap() 函数中的 x 和 y，其类型与实参 a、b 一致，因此传递参数后 x 值为 3，y 值为 5。在 swap() 函数中 x、y 交换值后输出，因其值不会带回主调函数，因此运行程序后输出结果为：

```
x=5, y=3
a=3, b=5
```

7.4.2 地址复制方式

地址复制方式又叫传址方式，它是把地址常量(而不是数据)传送给被调用函数的形参。采用地址传递方式，可以很好地解决数组中大量数据在函数间传递的问题。在这种方式中，一般用数组名或指针作为形参接收实参数组首地址，这样使得形参与实参组(或指针)首地址相同。所以在被调函数中，如果修改了数组元素值，调用函数后实参组元素值也发生相应变化。可见，用地址传递可实现被调函数返回多值给主调函数。

【例7.9】 分析下列程序的执行结果。

```
void main()
{
    static int a[3] = {1, 2, 3};
    printf("调用函数前数组各元素值为: ");
    printf("%d,%d,%d\n", a[0], a[1], a[2]);
    chg(a);
    printf("调用函数后数组各元素值为: ");
    printf("%d,%d,%d\n", a[0], a[1], a[2]);
}
chg(int b[])
{
    int i;
```

```
    for (i=0; i<3; i++)
        b[i] = b[i] + 1;
}
```

调用 chg 函数，实参是数组首地址，形参是数组 b，参数传递后，数组 b 与数组 a 占用同一存储地址，对数组 b 各元素修改后，数组 a 各元素的值发生相应的变化。

程序运行结果为：

调用函数前数组各元素值为:1,2,3
调用函数后数组各元素值为:2,3,4

7.4.3 利用参数返回结果

当函数被调用时，其处理结果可以以返回值的形式传递给调用函数。如果要求返回多个结果值时，还可以利用参数返回处理结果。

当使用地址复制方式传递参数时，被调用函数可以改变调用函数中的数据，利用参数返回处理结果就是根据该特征来实现的。请参见指针数组。

7.4.4 利用函数返回值传递数据

从被调函数传递数据给主函数，一般采用函数的返回值来实现。返回值是被调函数执行返回主调函数的一个值，它通过 return 语句来实现。

7.4.5 利用全局变量传递数据

利用全局变量进行函数间的数据传递，不但简单，而且程序的运行效率高。但是，如果函数间使用过多的全局变量，就增加了函数间的联系，降低了函数的独立性。

7.5 函数的嵌套调用和递归调用

7.5.1 函数嵌套调用

C 语言规定不允许在定义一个函数的函数中再定义一个函数，也就是说，一个函数内不能包含另一函数。虽然 C 语言不能嵌套定义函数，但可以嵌套调用函数。例如，在下列调用 f1 函数的过程中，还可以调用 f2，依次类推。

```
float f1(int a, int b)
{
    ...
    f2(a+b, a-b);
    ...
```

```
}
int f2(int x, int y)
{
    ...
}
```

f1、f2 是两个独立的函数，但在 f1 的函数体内又包括了对 f2 函数的调用，其调用过程如图 7.2 所示。调用过程按图中箭头所示方向顺序进行，每次调用后，最终返回到原调用点，继续执行后序语句。

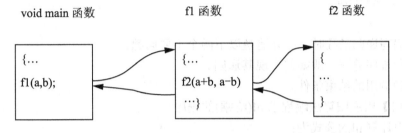

图 7.2　函数的嵌套调用

【例 7.10】求 $1^k+2^k+3^k+\cdots+n^k$ 的值，假设 k 为 4，n 为 6。代码如下：

```
#include "stdio.h"
void main()
{
    int sum, n=6, k=4;
    sum = add(k, n);
    printf("输出结果为:%d", sum);
}
add(int a, int b)
{
    int i, s=0;
    for(i=1; i<=b; i++)
        s = s + powers(i, a);
    return(s);
}
powers(int m, int n)
{
    int j, p=1;
    for (j=1; j<=n; j++)
        p = p * m;
    return(p);
}
```

该程序中有 3 个函数 main()、add() 和 powers()。主函数 main() 调用 add() 函数，其功能是进行累加；在 add 函数中再调用 powers() 函数，其功能是进行累乘。

程序的运行结果为：2275。

7.5.2 函数递归调用

在调用一个函数的过程中直接或间接地调用该函数本身,称为函数的递归调用。C 语言的特点之一就在于允许函数的递归调用。

递归函数要避免死循环,在编写递归调用程序时,必须在递归调用语句的前面写上终止递归的条件,常采用:

```
if (条件) 递归调用
else ...
```

所以,编写递归函数时,必须清楚以下两个主要问题。

- 递归程序算法,即如何实现其递归。
- 递归调用的结束条件。

【例 7.11】用递归算法编程求 n!(阶乘)的程序。

在数学中计算 n!的公式为:

$$n! = 1 \times 2 \times 3 \times \cdots \times n$$

递归算法中 n!是通过如下公式计算的:

$$1! = 1$$
$$n! = n(n-1)! \qquad 当 n>1 时$$

例如,求 4!的递归过程如下。

$$4! = 4 \times 3!,\ 3! = 3 \times 2!,\ 2! = 2 \times 1!,\ 1! = 1$$

按上述相反的过程回溯计算,就得到 4!的计算结果:

```
int fac(int n)
{
    if (n < 0) printf("n<0,输入数据错误!");
    else if((n==0) || (n==1)) return (1);
    else return (n*fac(n-1));
}
void main()
{
    int n, y;
    printf("请输入一个整数:");
    scanf("%d", &n);
    y = fac(n);
    printf("%d!=%d", n, y);
}
```

程序的运行结果为:

请输入一个整数:
5✓
5!=120

【例 7.12】调用一个递归函数,将一个整数的低位变成高位、高位变成低位组成另一个整数,例如,输入 1234,得到另一个整数 4321。代码如下:

```
#include "stdio.h"
int fun(int n, int m)
{
    if (n == 0) return m;
    else return fun(n/10, m*10+n%10);
}
void main()
{
    printf("%d\n", fun(1234, 0));
}
```

以上程序请读者自己分析。

7.6 内部函数和外部函数

函数是 C 语言程序的最小单位，我们往往将一个函数(一个模块)或多个函数(多个模块)保存为一个文件，这个文件称为 C 语言源文件。根据函数能否被其他源文件调用，将函数分为内部函数和外部函数。

7.6.1 内部函数

如果一个函数只能被其所在的源文件中的函数调用，称此函数为内部函数。内部函数的存储类型为 static。其定义格式为：

static 类型标识符 函数名(形式参数表)

【例 7.13】分析下列程序。

```
/* 设该程序源文件名为file.c */
void main()
{
    int i=2, j=3, p;
    extern int f();
    p = f(i, j);
    printf("%d", p);
}
static int f(int a, int b)
{
    int c;
    if(a > b) c = 1;
    else if(a == b) c = 0;
    else c = -1;
    return(c);
}
```

用 static 定义的函数又称为静态函数，该函数只能被文件 file.c 中的 main 函数调用，其他程序文件是不能调用的。

7.6.2　外部函数

若将函数的存储类型定义为 extern 型，则此函数能被其他源文件的函数调用，称此函数为外部函数。外部函数的格式为：

extern 类型标识符 函数名(形式参数表)

定义函数时默认存储类型为 extern，即隐含为外部函数。如将例 7.13 中的 main()函数存为文件 file1.c，将函数 f()中的存储类型 static 改为 extern，同时存为另一文件 file2.c，这时 f()为外部文件，f()既可被 file1.c 中的函数调用，又可被 file2.c 中的函数调用。但要注意，在需要调用外部函数的文件时，一般要用 extern 进行函数的外部说明。

7.7　编译预处理

在前面各章中已多次使用过以"#"开头的预处理命令。如文件包含命令#include、宏定义命令#define 等。在源程序中这些命令都放在函数之外，而且一般都放在源文件的前面，在源程序进行编译时的第一遍扫描，首先对这些以"#"开头的命令进行预先处理，称为编译预处理，处理完毕后自动进入对源程序的编译。

在 C 语言程序中使用预处理功能，可以改善程序的设计环境，提高程序的通用性、可读性、可修改性、可调试性、可移植性和方便性。C 语言中的预处理命令有宏定义、文件包含和条件编译三类。在此重点介绍宏定义和文件包含两类预处理命令。

7.7.1　宏定义

在 C 语言源程序中允许用一个标识符来表示一个字符串，称为"宏"。被定义为"宏"的标识符称为"宏名"。在编译预处理时，对程序中所有出现的"宏名"，都用宏定义中的字符串去代换。

宏定义是由源程序中的宏定义命令完成的。宏代换是在编译时由预处理程序自动完成的。在 C 语言中，"宏"分为不带参数和带参数两种。

1. 不带参数的宏定义

宏定义是指用一个标识符(名字)来代替一个文本串。它的一般格式为：

#define 标识符 文本串

其中"标识符"称为宏名。

作用：将宏名的值定义为指定的文本串，即在本程序后面的命令行中，凡出现宏名的地方，在预处理时都用指定的文本串替换。在预处理时将宏名替换成指定的文本串的过程称为"宏展开"。这里#define 就是宏定义命令。

【例7.14】

```
#define PI 3.14159
void main()
{
    float r, l, s, v;
    printf("input radius:");
    scanf("%f", &r);
    l = 2.0 * PI * r;
    s = PI * r * r;
    v = 3.0 / 4 * PI * r * r * r;
    printf("l=%6.2f\ns=%6.2f\nv=%6.2f\n", l, s, v);
}
```

程序运行结果为：

```
input radius:6
l=37.70
s=113.10
v=508.94
```

说明：

(1) 宏名为了与变量名区别，一般用大写字母来表示。

(2) 宏定义是用宏名代替一个文本串，文本串无论是数字字符还是字母字符都只作简单的替换，不作正确性检查。

(3) 宏定义不是 C 语句，不必在行尾加分号。如果加分号，预处理时会将分号当作字符一同代入。例如：

```
#define PI 3.14159;
s = PI * r * r;
```

经过宏展开后，该语句为：

```
s = 3.14159; * r * r;
```

显然是错误的。

(4) #define 命令出现在程序中函数的外面，宏名的有效范围是：从定义位置开始到本文件结束。通常#define 命令写在文件的开头。

(5) 可以用#undef 命令终止宏定义的作用域。

(6) 在宏定义时，可以引用已定义的宏名(参见例 7.15)。

(7) 程序中用双引号括起来的字符串内的字符，即使与宏名相同，也不进行替换(参见例 7.16)。

(8) 宏名与变量名的含义不同，只做字符替换，不分配存储单元，因此其值也不能改变。

【例7.15】

```
#define R 4.0
#define PI 3.14159
```

```
#define L 2*PI*R
#define S PI*R*R

void main()
{
    printf("L=%6.2f\nS=%6.2f\n", L, S);
}
```

程序运行结果如下：

```
L= 25.13
S= 50.27
```

【例 7.16】

```
#define OK 100
void main()
{
    printf("OK");
    printf("\n");
}
```

上例中定义宏名 OK 表示 100，但在 printf 语句中 OK 被引号括起来，因此不做宏代换。程序的运行结果为：OK，这表示把 OK 当字符串处理。

2. 带参数的宏定义

宏定义还可以像函数一样带参数，其格式如下：

#define 宏名(参数表) 文本串

作用：定义一个带参数的宏。

例如：

```
#define S(x, y) 3*x+2*y
area = S(3, 2);
```

带参数的宏在引用时必须给出实参，在宏替换时由左到右逐个字符进行替换，遇到与形参相同的字符时(如 x)，用实参替换，直到文本串中的所有字符被替换完，如图 7.3 所示。这里：

area = S(3, 2)

宏展开后变成：

area = 3*3+2*2;

【例 7.17】

```
#define PI 3.14159
#define S(r) PI*r*r
void main()
{
```

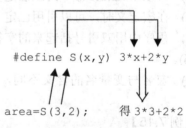

图 7.3 宏替换过程

```
    float a, area;
    a = 3.6;
    area = S(a);
    printf("area=%6.2f\n", area);
}
```

程序运行结果为:

area= 40.72

说明如下。

(1) 宏名与括号之间不能有空格。
(2) 宏调用时,实参的个数必须与形参的个数相同。
(3) 带参数的宏替换,也只是将文本串中的形参字符用实参替换,不做语法检查。如在例 7.18 中,如果将实参 a 换成 a+b,即宏调用语句换成如下形式:

area = S(a+b);

在宏展开时,将用 a+b 替换 r,宏展开后的表达式为:

area = 3.14159*a+b*a+b;

这与我们预想的表达式结果不同,因为 a+b 没有用括弧括起来,显然这个表达式的运算结果是不对的。要想得到正确的结果,就必须将宏定义改成如下形式:

#define S(r) PI*(r)*(r)

(4) 规范的宏替换格式可以减少不必要的错误发生。对于宏定义不仅应在参数两侧加括号,也应在整个字符串外加括号,如例 7.18 所示。

【例 7.18】

```
#define SQ(y) ((y)*(y))
void main()
{
    int a, sq;
    printf("input a number:   ");
    scanf("%d", &a);
    sq = 160 / SQ(a+1);
    printf("sq=%d\n", sq);
}
```

【例 7.19】请分析以下程序的运行结果。

```
#define SQ(y) y*y
void main()
{
    int a, sq;
    printf("input a number:   ");
    scanf("%d", &a);
    sq = SQ(a+1);
    printf("sq=%d\n", sq);
```

运行结果为:

```
input a number:3
sq=7
```

因为宏代换后将得到以下语句:

```
sq = a+1*a+1;
```

【例 7.20】

```
#define SQ(y)  (y)*(y)
void main()
{
    int a, sq;
    printf("input a number:   ");
    scanf("%d", &a);
    sq = 160 / SQ(a+1);
    printf("sq=%d\n", sq);
}
```

运行结果为:

```
input a number:3
sq=160
```

因为在宏代换之后变为:

```
sq = 160 / (a+1)*(a+1);
```

宏调用和函数调用有相似之处,但二者有本质的不同。其主要区别如下:

- 在函数调用中,实参和形参都要定义类型,而且类型要一致。而宏调用时,参数不存在类型问题,宏名无类型,它的参数也无类型,只是一个符号代表,展开时代入指定的字符即可。
- 使用宏次数多时,宏展开后的源程序就会变长,因为每展开一次都会使程序增长。而函数调用不使源程序增长。
- 宏替换不占运行时间。而函数调用则占运行时间(给形参分配存储单元、保留现场、值传送、返回)。利用好宏可以使程序简化。

7.7.2 文件包含

前面介绍过,在程序中凡使用库函数,都要在程序的开始加一个#include 命令,把程序中使用的库函数所在的头文件包含到本文件中。例如#include "stdio.h"命令是将基本输入输出库函数包含到本文件中。在以 C 语言开发程序时,还可以把一些常用的宏定义按功能分别存入不同的文件中,当程序需要使用某类型的宏定义时,就无须在程序中重新去定义,而只要把这些宏定义所在的文件包含到本程序的开头即可。

所谓文件包含,是指在一个源程序文件中,用#include 命令将另一个源文件的全部内容包含进来，即装入#include 命令所处的位置上，使其成为一个程序。

对文件包含命令还要说明以下几点。

(1) 包含命令中的文件名可以用双引号括起来，也可以用尖括号括起来。例如，以下写法都是允许的：

```
#include "stdio.h"
#include <math.h>
```

二者的区别是：用尖括号时，系统直接到存放 C 库函数头文件所在的目录中查找要包含的文件，这种方式称为标准方式；用双引号时，系统先在用户当前目录中寻找要包含的文件，若找不到，再按标准方式查找。一般情况下，如果要包含库函数，用尖括号可节省时间。如被包含文件是用户自己编写的文件，则用双引号。

(2) 一个#include 命令只能指定一个被包含文件，若有多个文件要包含，则需用多个 #include 命令。

(3) 文件包含允许嵌套，即在一个被包含的文件中可以包含另一个文件。

【例 7.21】给定半径，计算圆的周长和面积。

为了展示利用文件包含命令处理多文件程序的设计方法，设计三个如下的包含文件，或称为头文件。

头文件 1 名为 myin1.h：

```
#include <stdio.h>
#define PI 3.14159
```

头文件 2 名为 myin2.h，其内容是函数 getlen 的定义：

```
float getlen(float r)
{ return 2*getsr(r)/r; }
```

头文件 3 名为 myin3.h：

```
float getsr(float r)
{ return PI*r*r; }
```

设计一个含有上述 3 个头文件的主函数的程序如下：

```
#include "myin1.h"
#include "myin3.h"
#include "myin2.h"
void main()
{
    float x=3.0;
    printf("L=%f\n", getlen(x));
    printf("S=%f\n", getsr(x));
}
```

因为存在函数之间的调用，即 getlen()函数调用 getsr()函数，所以头文件的包含顺序必须是 myin1.h→myin3.h→myin2.h。

7.8 程序综合举例

【例 7.22】 编写一程序求三个数的最小公倍数。

分析：首先编写一函数求出三个数中的最大数；再用最大数依次乘以自然数 1、2、3、4…将所得的积分别去除以原三个数，满足都能除尽时的最小积，就是这三个数的最小公倍数。程序如下：

```c
#include <stdio.h>
void main()
{
    int max(int x, int y, int z);
    int x1, x2, x3, k=1, j, x0;
    scanf("%d,%d,%d", &x1, &x2, &x3);
    x0 = max(x1, x2, x3);
    while(1)
    {
        j = x0 * k;
        if(j%x1==0 && j%x2==0 && j%x3==0)
            break;
        k += 1;
    }
    printf("The result is %d\n", j);
}
int max(int x, int y, int z)
{
    if(x>y && x>z)
        return x;
    else if(y>x && y>z)
        return y;
    else
        return z;
}
```

【例 7.23】 编写一个程序，判定 1+2+3+…+n 大于 1000 的最小整数 n。

分析：编一函数 sum(n) 求大于 1000 的最小整数 n。方法是从 1 开始连续整数相加(输入参数——n 初值为 1；输出参数——累加和)。在主函数中调用 sum(n)，printf 函数输出 n。

程序如下：

```c
int sum(int n)
{
    int total, i;
    total = 0;
    for (i=1; i<=n; i++)
        total = total + i;
```

```
        return(total);
}

void main()
{
    int n;
    n = 1;
    while(sum(n) <= 1000)
        n++;
    printf("1+2+3+...+n>1000 n 的极限值是：%d", n);
}
```

程序运行结果是：

1+2+3+...+n>1000 n 的极限值是:45

【例 7.24】有 6 个人坐在一起，问第 6 个人有多少岁，他说比第 5 个人大 3 岁；问第 5 个人有多少岁，他说比第 4 个人大 3 岁；问第 4 个人有多少岁，他说比第 3 个人大 3 岁；问第 3 个人有多少岁，他说比第 2 个人大 3 岁；问第 2 个人有多少岁，他说比第 1 个人大 3 岁；问最后一个人，他说是 15 岁，请问第 6 个人多少岁？

分析：这个问题可以使用递归调用函数的方法来解决，要求第 6 个人的年龄，就必须先知道第 5 个人的年龄；依次类推，每一个人的年龄都比其前 1 个人的年龄大 3 岁，由此可知其算法如下。

| age(6)=age(5)+3 | age(5)=age(4)+3 | age(4)=age(3)+3 |
| age(3)=age(2)+3 | age(2)=age(1)+3 | age(1)=15 |

可以用下列表达式描述：

age(1)=15

age(n)=age(n-1)+3   (n>1)

程序如下：

```
#include "stdio.h"
int age(n)
int n;
{
    int c;
    if(n == 1) c = 15;
    else c = age(n-1) + 3;
    return(c);
}
void main()
{
    printf("%d", age(6));
}
```

程序的运行结果为：

30

【例7.25】编写一个程序,判断用户输入的月份有几天。

分析:编写一函数 leapyear()判断是否为闰年;闰年返回 1,不是闰年返回 0;然后在主函数中用户从键盘输入月份,判断该月份有多少天。

(1) 若输入月份为 1、3、5、7、8、10 或 12,则输出 31 天。

(2) 若输入月份为 4、6、9 或 11,则输出 30 天。

(3) 若输入月份为 2,则调用函数 leapyear()判断是否为闰年,若是闰年,输出 29 天,否则输出 28 天。

程序如下:

```c
#include "stdio.h"
int leapyear(year)
int year;
{
    switch(year%4)
    {
    case 0:
        if(year%100 != 0) return (1);
        else if(year%400 != 0) return (0);
        else return (1);
        break;
    default: return (0);
    }
}
void main()
{
    int month, year;
    printf("请输入月份: ");
    scanf("%d", &month);
    switch(month)
    {
    case 1:
    case 3:
    case 5:
    case 7:
    case 8:
    case 10:
    case 12:
        printf("31 days\n");
        break;
    case 4:
    case 6:
    case 9:
    case 11:
        printf("30 days\n");
        break;
```

```
            case 2:
                printf("what is the year?");
                scanf("%d", &year);
                if(leapyear(year)) printf("29 days\n");
                else printf("28 days\n");
                break;
        }
    }
```

程序运行结果为:

请输入月份:
2✓
what is the year? 2000✓
29days

【例 7.26】 已知函数 fac 的原型为 long fac(int j), 其功能是利用静态变量实现 n!。要求编制该函数并用相应的主函数进行测试。

程序如下:

```
#include <stdio.h>
void main()
{
    long fac(int j);
    int num, j;
    long ff;
    scanf("%d", &num);
    for(j=2; j<=num; j++)
        ff = fac(j);
    printf("num!=%ld\n", ff);
}
long fac(int j)
{
    static long ff=1;
    ff *= j;
    return ff;
}
```

利用 Visual C⊔ 6.0 开发应用软件程序过程中, 往往需要多人合作完成一个项目, 通常将一个项目划分为若干功能模块, 每个模块由一个人单独完成, 分别保存为一个 C 源程序文件, 然后将这些相关联的 C 语言源程序建立一个项目或工程(Project), 使该工程中包含所需要的所有源文件组成的一个有机整体, 置于项目工作区(Workspace)的管理之下, 便可以实现多个相关联的源程序编译、链接与运行。下面以例 7.27 为例, 说明各程序间全局变量、参数传递的应用及上机调试操作方法。

【例 7.27】 编写一个学生成绩管理程序, 为了简便, 只设有 5 个学生, 3 门课程(分别是语文、数学和英语)。要求录入各学生姓名和各科成绩, 计算出每个学生课程的总成绩和平均成绩, 并按学生平均成绩从高到低排名输出成绩表。

解题思路：将该工程命名为 student.dsw，设计为 1 个主函数文件与 4 个被调函数文件构成，主函数程序文件 mainfile.cpp 为学生成绩管理主菜单程序文件，其余 4 个程序文件 infile.cpp、prtfile.cpp、avgfile.cpp 和 sortfile.cpp 分别是学生成绩录入、打印学生成绩表、计算学生平均分和学生成绩排序程序文件。其源程序如下：

```
/* 主函数程序文件 mainfile.cpp */
#include "stdio.h"
#include "string.h"
#include <stdlib.h>
float c[40][6], s;              /* 定义全局成绩数组 c 和变量 s */
char name[40][8], ch[8];        /* 定义全局姓名数组 name 和字符数组 ch */
int n = 5;
void ord();                     /* 外部函数说明 */
void prt();
void inp();
void avg();
void main()                     /* 主菜单程序 */
{
    int x;
    do
    {
        system("cls");
        printf("      \n\n             学生成绩管理系统\n\n");
        printf("         1---录入成绩            2---打印成绩表\n\n");
        printf("         3---计算学生平均分      4---学生成绩排序\n\n");
        printf("         5---结束\n\n");
        printf("              请选择操作号:");
        scanf("%d", &x);
        switch(x)
        {
        case 1: inp(); break;
        case 2: prt(); break;
        case 3: avg(); break;
        case 4: ord();
        }
    } while(x>0 && x<6);
}

/* 学生成绩录入的程序文件 infile.cpp */
#include "stdio.h"
#include "string.h"
extern float c[40][6];
extern char name[40][8];
extern int n;
void inp()
{
```

```
    strcpy(name[1], "刘明");
    strcpy(name[2], "张美");
    strcpy(name[3], "李贡");
    strcpy(name[4], "田冲");
    strcpy(name[5], "王英");
    c[1][1]=77;  c[1][2]=77;  c[1][3]=77;
    c[2][1]=88;  c[2][2]=88;  c[2][3]=88;
    c[3][1]=75;  c[3][2]=75;  c[3][3]=75;
    c[4][1]=90;  c[4][2]=90;  c[4][3]=90;
    c[5][1]=85;  c[5][2]=85;  c[5][3]=85;
}

/* 打印学生成绩表的程序文件 prtfile.cpp */
#include "stdio.h"
#include "string.h"
extern float c[40][6];
extern char name[40][8];
extern int n;
void prt()
{
    int i, j;
    printf("\n\n 姓名     语文     数学     英语   总成绩 平均成绩\n");
    for(i=1; i<=n; i++)
    {
        printf("%-8s", name[i]);
        for(j=1; j<=n; j++)
            printf("%7.1f", c[i][j]);
        printf("\n");
    }
    getchar();
    getchar();
}

/* 计算学生平均分的程序文件 avgfile.cpp */
#include "stdio.h"
#include "string.h"
extern float c[40][6];
extern int n;
extern char name[40][8];
void avg()
{
    int i, j;
    float sum;
    for(i=1; i<=n; i++)
    {
        sum = 0;
        for(j=1; j<=3; j++)
```

```
            sum += c[i][j];
         c[i][j] = sum;
         c[i][j+1] = sum / 3.0;
      }
   }
}

/* 学生成绩排序的程序文件 sortfile.cpp */
#include "stdio.h"
#include "string.h"
extern int n, i, j, k, r;
extern float c[40][6];
extern char name[40][8];
void ord()
{
   int i, j, k, r;
   float s;
   char ch[8];
   for(i=1; i<n; i++)
   {
      k = i;
      for(j=i; j<=n; j++)
         if (c[k][4] < c[j][4]) k = j;
      if(k != i)
      {
         strcpy(ch, name[i]);
         strcpy(name[i], name[k]); strcpy(name[k], ch);
         for(r=1; r<=5; r++)
         { s=c[i][r]; c[i][r]=c[k][r]; c[k][r]=s; }
      }
   }
}
```

(1) 按以上方法编制好源程序后，首先创建工程文件 student.dsw。启动 Visual C++ 6.0，进入 Visual C++ 6.0 主窗口。选择"文件"→"新建"菜单命令。在打开的"新建"对话框中单击"工程"标签，切换到"工程"选项卡，选择 Win32 Console Application 选项，在右侧的"工程"文本框中输入项目名"student"(扩展名.dsw 不需输入)，选择好存放位置，选中"创建新工作区"单选按钮，然后根据提示单击"确定"、"完成"和"确定"按钮，完成工程文件的创建，如图 7.4 所示。

(2) 建立多个相关联的源程序文件。在主窗口中选择"文件"→"新建"菜单命令；在打开的"新建"对话框中切换到"文件"选项卡，选择 C++ Source File 选项，在右侧的"文件"文本框中输入文件名(如"mainfile"，默认为.cpp，如图 7.5 所示)，然后单击"确定"按钮。在编辑窗口中输入主函数源程序后存盘(如图 7.6 所示)。

图 7.4　创建工程文件 student.dsw

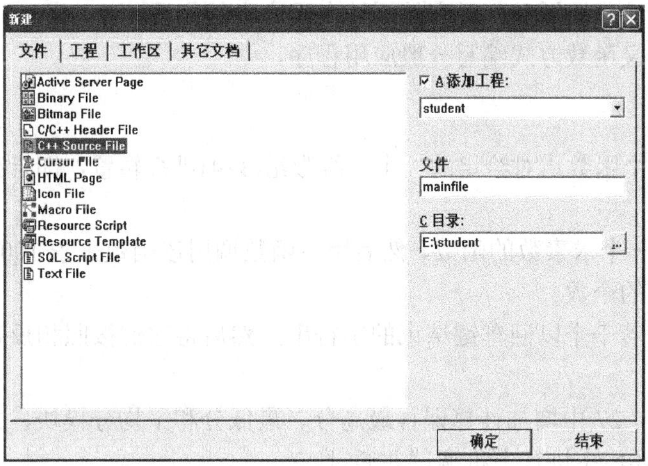

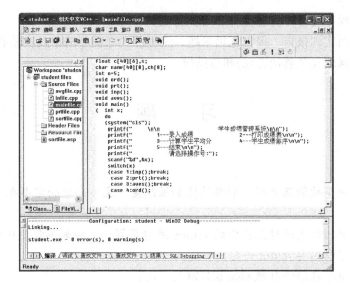

图 7.5　建立源程序文件

图 7.6　输入源程序

重复上述方法，分别建立与工程项目相关联的所有源程序文件。

(3) 编译、连接、执行。在项目工作区中选中 mainfile.cpp 文件为当前工作文件，在主窗口中分别选择"编译"菜单下的"编译 mainfile.cpp"、"构建 sdudent.exe"和"执行 sdudent.exe"命令即可。

7.9 上机实训

1. 实训目的

(1) 熟悉 C 语言函数的定义、函数的声明以及函数的调用方法。
(2) 了解主调函数与被调函数之间的参数传递方式。
(3) 掌握变量的作用域和变量存储属性在程序中的应用。
(4) 能用自定义函数方式编写一般应用程序。

2. 实训内容

实训 1 写一个函数，对给定的一个二维数组(3×4)进行转置，即行列互换，并输出转置前后的结果。

实训 2 编写一个求素数的函数，然后用主函数调用该函数来求 100～500 之间的所有素数，并统计素数的个数。

实训 3 输入若干个以回车键结束的字符串，然后将它们按照相反顺序输出。用递归函数实现。

实训 4 在例 7.27 中增加计算课程最高分、最低分和平均分模块，并将所有源程序录入 Visual C++ 6.0 环境中进行上机调试并通过。

3. 实训报告

(1) 提交源程序文件、目标文件和可执行文件。
(2) 提交书面实训报告：报告包括原题、流程图、源程序清单及实验收获(如上机调试过程中遇到什么问题及其解决方法)和总结等。

习　题

一、判断题

(1) 在执行一个被调函数时，形参的值如果改变，主调函数的实参也会改变。
　　　　　　　　　　　　　　　　　　　　　　　　　　　　　　　　　　(　　)
(2) 函数的返回值是通过函数中的 return 语句获得的，但如不需要从被调函数带回函数值，可以不要 return 语句。　　　　　　　　　　　　　　　　　　　　(　　)
(3) 静态变量是在编译时赋初值且只赋值一次。　　　　　　　　　　　(　　)
(4) 凡在函数体内没有明显的存储类型说明的变量是静态变量。　　　　(　　)

(5) 一个 C 语言程序总是从书写顺序的第一个函数开始执行。　　　　　(　　)

二、单项选择题

(1) C 语言程序由函数组成，它的(　　)。
　　A. 主函数可以在其他函数之前，函数内不可以嵌套定义函数
　　B. 主函数必须在其他函数之前，函数内可以嵌套定义函数
　　C. 主函数必须在其他函数之前，函数内不可以嵌套定义函数
　　D. 主函数必须在其他函数之后，函数内可以嵌套定义函数

(2) C 语言函数返回值的类型是由(　　)决定的。
　　A. 调用函数时临时　　　　　　　B. return 语句中的表达式类型
　　C. 调用该函数的主函数类型　　　D. 定义函数时所指定的返回函数值类型

(3) C 语言函数的隐含存储类型是(　　)。
　　A. static　　　B. auto　　　C. register　　　D. extern

(4) 对于 C 程序的函数，下列叙述中正确的是(　　)。
　　A. 函数的定义不能嵌套，但函数调用可以嵌套
　　B. 函数的定义可以嵌套，但函数调用不能嵌套
　　C. 函数的定义和调用均可以嵌套
　　D. 函数的定义和调用均不能嵌套

(5) 下列结论中只有(　　)是正确的。
　　A. 只有部分递归程序可以用非递归算法实现
　　B. 所有的递归程序均可以采用非递归算法实现
　　C. 所有的递归程序均不可以采用非递归算法实现
　　D. 以上三种说法都不对

(6) C 语言程序的基本单位是(　　)。
　　A. 字符　　　B. 语句　　　C. 程序行　　　D. 函数

(7) 以下程序的运行结果是(　　)。
```
#define MIN(x,y)  (x)<(y)?(x):(y)
void main()
{
    int i=10, j=15, k;
    k = 10 * MIN(i, j);
    printf("%d\n", k);
}
```
　　A. 10　　　B. 15　　　C. 100　　　D. 150

(8) 若有宏定义如下：

```
#define X  5
#define Y  X+1
#define Z  Y*X/2
```

则执行以下 printf 语句后，输出结果是(　　)。

```
int a; a=Y;
printf("%d\n", Z);
printf("%d\n", --a);
```

A. 7　　　　　B. 12　　　　　C. 12　　　　　D. 7
　 6　　　　　　 6　　　　　　 5　　　　　　 5

(9) 请读程序：

```
#include <stdio.h>
#define MUL(x,y)  (x)*y
void main()
{
    int a=3, b=4, c;
    c = MUL(a++, b++);
    printf("%d\n", c);
}
```

上面程序的输出结果是(　　)。

A. 12　　　　B. 15　　　　C. 20　　　　D. 16

(10) 以下描述正确的是(　　)。

A. C语言的预处理功能是指完成宏替换和包含文件的调用
B. 预处理指令只能位于C源程序文件的首部
C. 凡是C源程序中行首以"#"标识的控制行都是预处理指令
D. C语言的编译预处理就是对源程序进行初步的语法检查

(11) 在"文件包含"预处理语句的使用形式中，当#include后面的文件名用<>(尖括号)括起时，找寻被包含文件的方式是(　　)。

A. 仅仅搜索当前目录
B. 仅仅搜索源程序所在目录
C. 直接按系统设定的标准方式搜索目录
D. 先在源程序所在目录搜索，再按照系统设定的标准方式搜索

三、阅读下列程序并写出运行结果

(1)

```
int d = 1;
f(int p)
{
    int d = 1;
    d += p++;
}
void main()
{
    int a = 5;
    f(a);
```

```
    d += a++;
    printf("%d\n", d);
}
```

(2)
```
#include <stdio.h>
void main()
{
    int k=4, m=1, p;
    p = fun(k, m);
    printf("%d,", p);
    p = fun(k, m);
    printf("%d", p);
}
fun(int a, int b)
{
    static int m=0, i=2;
    i += m+1;
    m = i + a + b;
    return (m);
}
```

(3)
```
#include <stdio.h>
void main()
{
    int a=2, i;
    for (i=0; i<3; i++)
        printf("%d", func(a));
}
func(int a);
{
    int b = 0;
    static c = 3;
    b++;  c++;
    return (a+b+c);
}
```

(4)
```
#include <stdio.h>
int i = 10;
void main()
{
    int j = 1;
    j = fun();
    printf("%d", j);
```

```c
        j = fun();
        printf("%d", j);
}
fun()
{
    int k = 0;
    k++;
    i = i + 10;
    return (k);
}
```

(5)
```c
#include <stdio.h>
void main()
{
    int a=3, b=2, c=1;
    c -= ++b;
    b *= a+c;
    {
        int b=5, c=12;
        c /= b*2;
        a -= c;
        printf("%d, %d, %d", a, b,c);
        a += --c;
    }
    printf("%d, %d, %d", a, b, c);
}
```

(6)
```c
#include <stdio.h>
func(int m)
{
    int n;
    if (m==0 || m==1) return (3);
    n = m - func(m-2);
    return n;
}
void main()
{
    printf("%d\n", func(9));
}
```

(7)
```c
#include <stdio.h>
void main()
{
```

```
    int s, i, sum();
    for (i=1; i<=10; i++)
        s = sum(i);
    printf("s=%d\n", s);
}
sum(int z)
{
    int x = 0;
    return (x += z);
}
```

四、程序填空题

(1) 下列函数 power() 是求 x^n。

```
power(int x, int n)
{
    int j;
    for (_____; n>=1; _____)
        j = _____;
    return (j);
}
```

(2) 下列程序的功能是统计从键盘上输入的字符中大写字母的个数。输入时用 "*" 作为输入结束标志。

```
#include <stdio.h>
#include <ctype.h>
void main()
{
    char c1;
    int i, count=0;
    while((_____) != "*")
        if(isupper(c1)) count++;
    printf(" _____", count);
}
```

(3) 下列程序的功能是求 10～1000 之间的所有素数。

```
#include <stdio.h>
void main()
{
    int i;
    for (i=10; i<=1000; i++)
        if (isprime(_____))
    printf("%d, ", i);
    printf("\n");
}
#include _____
```

```
isprime(int n)
{
    int i;
    for (i=2; i<=sqrt(n); i++)
        if (n%i==0) return( _____ );
    return( _____ );
}
```

五、编程题

(1) 编写一个函数,统计一个字符串中所含字母、数字、空格和其他字符的个数。

(2) 从键盘上输入 n(n<50)个任意位的正整数 m(m<32 767),将每个整数的各位数字之和存放在 a 数组中。要求:求每个整数 m 的各位数字之和用自定义函数来实现。

(3) 某班(假设有 10 人)期中考试共有 5 门课程的成绩,分别用函数求:①每个学生的平均分;②每门课程的平均分;③按每个学生的平均分排序。

(4) 数列的第 1、2 项为 1,以后各项为前两项之和,求该数列中任何一项值的递归函数程序。

第8章 指　　针

【本章要点】

本章主要介绍指针的基本概念、指针运算、指针与数组、指针与函数等内容。指针是 C 语言的一个重要概念，也是 C 语言的一个重要特色。正确而灵活地运用指针，可以使程序简洁、紧凑、高效；可以有效地表示复杂的数据结构。可以说，没有掌握指针就没有掌握 C 语言的精华。

8.1　地址、指针和变量

所有的数据都是存放在存储器中的。一般把存储器中的一个字节称为一个内存单元，不同的数据类型所占用的内存单元数不等，如整型占两个单元，字符占一个单元等。为了正确地访问这些内存单元，必须为每个内存单元编上号。根据一个内存单元的编号即可准确地找到该内存单元。内存单元的编号也叫作地址。既然根据内存单元的编号或地址就可以找到所需的内存单元，所以通常也把这个地址称为指针，存放指针的变量称为指针变量。前面我们讨论过的各种类型的变量都有地址，可以通过地址访问这个变量，也可以通过变量名访问这个变量。

8.1.1　地址和指针的基本概念

在程序中定义每一个变量，当编译时系统就会根据程序中定义的变量的类型，分配一定字节数的存储空间。内存中的每一个字节都有一个编号，也就是地址，它相当于旅馆中的房间号。在地址所标志的单元存储数据，这相当于旅馆中的房间住一个旅客一样。

变量：命名的内存空间。变量在内存中占有一定空间，用于存放各种类型的数据。

变量名：变量名是给内存空间取的一个容易记忆的名字。

变量的地址：变量所使用的内存空间的地址。

变量值：在变量的地址所对应的内存空间中存放的数值即为变量的值或变量的内容。

&符号为取地址符号，可以取任何变量的地址。

例如，下面的程序是输出整型变量 a、b、c 在内存中分配的地址。

```
void main()
{
    int a, b, c;
    printf("\n%ld ,%ld ,%ld", &a, &b, &c);
}
```

程序的运行结果为：

393176, 589831, 687020

程序中定义了三个整型变量 a、b、c，系统编译时，给 a 分配的是 393176 和 393177 两个字节，b 分配的存储单元是 589831 和 589832 两个字节，c 分配的单元是 687020 和 687021 两个字节。系统为这些变量名和它们所对应的地址建立一一对应关系，以后对这些变量的存取都是通过地址进行的。例如：

scanf("%d%d%d", &a, &b, &c);

程序运行时输入：

5 7 9↙

系统根据变量 a，找到相应地址 393176，将数据 5 存入 393176 和 393177 两个字节中，其他两个变量也是如此，如图 8.1 所示。

图 8.1　内存用户数据区

这种按变量地址存取变量值的方式称为"直接访问"方式。以前的程序中都是采用这种方式。

C 语言中还有另外一种访问方式，即"间接访问"方式，如图 8.2 所示。

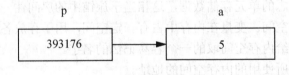

图 8.2　间接访问示意

假设我们定义了一个变量 p，用它来存放了一个整型变量 a 的地址，当我们对 a 进行数据存取时，就可以采用间接访问形式。即将数据 5 存入变量 p 的值所指的单元(即 a)中。

由于变量 p 存放的是变量 a 的地址，我们就称该变量 p 指向变量 a。

一个变量的地址称为该变量的"指针"，即地址 393176 是变量 a 的指针。

指针，就是"内存单元的地址"。指针指向一个内存单元。

变量的指针，就是"变量的地址"。变量的指针指向一个变量对应的内存单元。

指针变量就是地址变量。地址(指针)也是数据，可以保存在一个变量中。保存地址(指针)数据的变量称为指针变量。

8.1.2 指针变量类型的定义

指针变量定义的一般格式为：

存储类型　数据类型　*指针变量名[=初始地址值]；

其中：
- 存储类型：是任选项，其用法与基本数据类型相同。主要有 auto(自动)、register(寄存器)、static(静态)和 extern(外部)这四种。
- 数据类型：是指针变量所指向的变量数据类型。可以是 int、char、float 等基本类型，也可是数组等构造类型。

例如：

```
int *p1, *p2;
```

定义两个指向整型变量的指针变量 p1、p2。p1、p2 是用来存放整型变量的地址。

说明：

(1) 指针变量是用来存放变量的地址的。

(2) 指针变量前面的 * 表示该变量为指针变量。但指针变量的名字是 p1、p2，而不是*p1、*p2。

(3) 一个指针变量只能指向同一个类型的变量。例如：

```
int *p;      /* p 只能指向整型变量，即只能用来存放整型变量的地址 */
float *q;    /* q 只能指向实型变量，即只能用来存放实型变量的地址 */
```

(4) 指针变量存放地址值，在 16 位系统环境下，用两个字节表示一个地址，所以指针变量无论什么类型，其本身在内存中占用的空间是两个字节。sizeof(p)=sizeof(q)=2。

8.1.3 指针变量的赋值

指针变量一定要有确定的值以后才可以使用。禁止使用未初始化或未赋值的指针(此时，指针变量指向的内存空间是无法确定的，使用它可能导致系统的崩溃)。

C 语言专门提供了以下两个用于指针运算的运算符。

- &——取地址运算符。其功能是取变量的地址。&是单目运算符，其结合性为自右向左。例如，&a 为变量 a 的地址。
- *——取内容运算符。星号*又称为间接寻址运算符，它的作用与&相反，用于表示指针所指向的变量。*是单目运算符，其结合性为自右向左。例如，*p 为指针变量 p 所指向的变量。

指针变量的赋值可以有以下两种方法。

(1) 将地址直接赋值给指针变量(指针变量指向该地址代表的内存空间)。例如：

```
float *f = (float*)malloc(4);
```

malloc 动态分配了 4 个字节的连续空间，返回空间首地址，然后将首地址赋值给浮点型指针 f。这样浮点型指针 f 指向这个连续空间的第一个字节。

在程序运行期间需要申请内存时采用 malloc()函数完成，使用完内存后由 free()函数释放。

使用这二个函数时需要声明头文件<stdlib.h>或<alloc.h>。

(2) 将变量的地址赋值给指针变量(指针变量指向该变量)。例如：

```
int i, *p;
p = &i;
```

【例 8.1】通过指针变量访问整型变量。代码如下：

```
void main()
{
    int a, b;
    int *p1, *p2;    /* 定义两个指向整型变量的指针变量 */
    a=100; b=50;
    p1 = &a;
    p2 = &b;         /* p1 指向 a, p2 指向 b */
    printf("%d,%d\n", a, b);
    printf("%d,%d\n", *p1, *p2);
}
```

程序运行结果为：

100,50
100,50

指针变量 p1 与变量 a、指针变量 p2 与变量 b 的存储关系如图 8.3 所示。

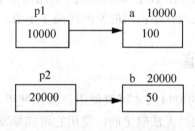

图 8.3　存储单元分配

【例 8.2】输入两个整数，按先大后小的顺序输出。

代码如下：

```
void main()
{
    int a, b, *p1, *p2, *p;
    scanf("%d%d", &a, &b);
    p1=&a; p2=&b;
    if (a < b)
    { p=p1; p1=p2; p2=p; }
    printf("\na=%d,b=%d\n", a, b);
```

```
        printf("max=%d,min=%d\n", *p1, *p2);
}
```
程序运行结果如下。

输入:

5 9 ↙

输出:

```
a=5,b=9
max=9,min=5
```

程序运行中,指针变量 p1、p2 的指向变化如图 8.4 所示。

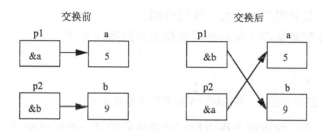

图 8.4 指针变量 p1、p2 的指向变化

8.2 指 针 运 算

8.2.1 指针运算符

指针变量可以进行某些运算,但其运算的种类是有限的。它只能进行赋值运算和部分算术运算及关系运算。

1. 取地址运算符&

取地址运算符&是单目运算符,其结合性为自右至左,其功能是取变量的地址。

2. 取内容运算符*

取内容运算符*是单目运算符,其结合性为自右至左,用来表示指针变量所指向的变量。在*运算符之后跟的变量必须是指针变量。

需要注意的是,指针运算符*和指针变量说明中的指针说明符*不是一回事。在指针变量说明中,*是类型说明符,表示其后的变量是指针类型。而表达式中出现的*则是一个运算符,用以表示指针变量所指的变量。

【例 8.3】指针的使用。代码如下:

```
void main()
{
```

```
    int a=5, *p=&a;
    printf("%d", *p);
}
```

这里，表示指针变量 p 取得了整型变量 a 的地址。printf("%d", *p)语句表示输出变量 a 的值。

8.2.2 指针变量的运算

1. 赋值运算

指针变量的赋值运算有以下几种形式。

(1) 指针变量初始化赋值，前面已作过介绍。

(2) 把一个变量的地址赋予指向相同数据类型的指针变量。

例如：

```
int a, *p;
p = &a;    /* 把整型变量 a 的地址赋予整型指针变量 p */
```

(3) 把一个指针变量的值赋予指向相同类型变量的另一个指针变量。

例如：

```
int a, *pa=&a, *pb;
pb = pa;   /* 把 a 的地址赋予指针变量 pb */
```

由于 pa、pb 均为指向整型变量的指针变量，因此可以相互赋值。

(4) 把数组的首地址赋予指向数组的指针变量。

例如：

```
int a[5], *p;
p = a;
```

数组名表示数组的首地址，并且是常量，故可赋予指向数组的指针变量 a。

也可写为：

```
p = &a[0];  /* 数组第一个元素的地址也是整个数组的首地址，也可赋予 p */
```

当然也可采取初始化赋值的方法：

```
int a[5], *p=a;
```

(5) 把字符串的首地址赋予指向字符类型的指针变量。

例如：

```
char *pc;
pc = "Hello";
```

或用初始化赋值的方法写为：

```
char *pc = "Hello";
```

这里应说明的是，并不是把整个字符串装入指针变量，而是把存放该字符串的字符数组的首地址装入指针变量。

(6) 把函数的入口地址赋予指向函数的指针变量。

例如：

```
int (*pf)();
pf = f;      /* f 为函数名 */
```

2．加减运算

(1) 指针加减任意整数运算

对于指向数组的指针变量，可以加上或减去一个整数 n。设 p 是指向数组 a 的指针变量，则 p+n、p-n、p++、++p、p--、--p 运算都是合法的。指针变量加或减一个整数 n 的意义是把指针指向的当前位置(指向某数组元素)向前或向后移动 n 个位置。

应该注意，数组指针变量向前或向后移动一个位置和地址加 1 或减 1 在概念上是不同的。因为数组可以有不同的类型，各种类型的数组元素所占的字节长度是不同的。如指针变量加 1，即向后移动一个位置，表示指针变量指向下一个数据元素的首地址，而不是在原地址基础上加 1。例如：

```
int a[5], *p;
p = a;       /* p 指向数组 a，也是指向 a[0] */
p = p+2;     /* p 指向 a[2]，即 p 的值为&p[2] */
```

指针变量的加减运算只能对数组指针变量进行，对指向其他类型变量的指针变量做加减运算是毫无意义的。

只有指向同一数组的两个指针变量之间才能进行运算，否则运算毫无意义。

> **注意**：*p++ 的操作等价于*(p++)，其作用是，先进行*p 的操作，得到 p 所指变量的值，然后进行 p+1 操作。
>
> *++p 的操作等价于*(++p)，其作用是，先将指针 p 加 1，然后进行*p 操作。

(2) 两指针变量相减

两指针变量相减所得之差是两个指针所指数组元素之间相差的元素个数，实际上是两个指针值(地址)相减之差再除以该数组元素的长度(字节数)。例如 pf1 和 pf2 是指向同一浮点数组的两个指针变量，设 pf1 的值为 2010H，pf2 的值为 2000H，而浮点数组每个元素占4 个字节，所以 pf1-pf2 的结果为(2000H-2010H)/4=4，表示 pf1 和 pf2 之间相差 4 个元素。两个指针变量不能进行加法运算。例如，pf1+pf2 是什么意思呢？毫无实际意义。

(3) 指针的关系运算

两个指针变量可以通过关系运算进行比较，主要用于判断它们是否指向同一个对象的前后位置关系。例如，设 pa 和 qa 都指向同一个数组 a，这两个变量之间可以进行<、>、>=、<=、==、!=操作。若 pa 所指元素在 qa 所指元素之前，则表达式"pa<qa"为真(值为 1)，否则为假(值为 0)。当 pa 和 qa 都指向同一个元素时，表达式"pa==qa"为真(值为 1)，否则为假(值为 0)。

指针变量可以与 0 比较。

设 p 为指针变量，则 p==0 表明 p 是空指针，它不指向任何变量。p!=0 表示 p 不是空指针。

空指针是由对指针变量赋予 0 值而得到的。

例如：

```
#define NULL 0
int *p = NULL;
```

对指针变量赋 0 值和不赋值是不同的。指针变量未赋值时，可以是任意值，是不能使用的，否则将造成意外错误。而指针变量赋 0 值后，则可以使用，只是它不指向具体的变量而已。

【例 8.4】指针变量的运算。

① 已知指针 p 的指向如图 8.5 所示，执行语句*p++后，*p 的值是多少？p 指向哪一个元素？

② 已知指针 p 的指向如图 8.5 所示，则表达式*++p 的值是多少？p 指向哪一个元素？

③ 已知指针 p 的指向如图 8.5 所示，则表达式++*p 的值是多少？p 指向哪一个元素？

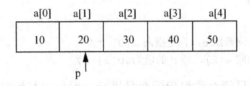

图 8.5　指针 p 的指向

解：

① 先进行*p 的操作，得到 p 所指变量的值 20，然后进行 p+1 操作，指向 a[2]。

② 先将指针 p 加 1，指向 a[2]，然后进行*p 操作，值是 30。

③ ++*p 是使 p 所指的变量的内容加 1，值为 21，p 仍指向 a[1]。

8.3　指针与数组

8.3.1　数组指针

1. 指向一维数组的指针

变量有地址，数组和数组元素同样也有地址。一个程序中定义了数组，系统在编译时就会根据数组的类型和数组元素的个数为其分配相应大小的地址连续的存储空间。所谓数组的指针，就是数组的首地址(起始地址)，也就是数组中第一个元素的地址。数组元素的指针是数组元素的地址。引用一个变量可以用指针，同样引用数组元素除了用下标法以外也可以用指针法，即通过指向数组元素的指针来引用数组元素。

可以定义一个与数组的类型相同的指针变量来指向数组和数组元素。

例如若有如下定义：

```
int a[8] = {2, 4, 6, 8, 10, 12, 14, 16};
int *p;
```

则下面的语句表示把数组中第一个元素的地址赋给 p：

```
p = &a[0];
```

如图 8.6 所示。

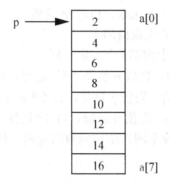

图 8.6　指针与数组元素

C 语言规定，数组名是常量，代表数组的首地址。

因此下面的语句是等价的：

```
p = &a[0];
p = a;
```

注意：a 不代表整个数组，而代表数组的首地址，p=a 是将数组的首地址赋给指针变量 p，而不是将数组 a 赋给 p。

也可以在定义指针变量的同时赋初值。例如：

```
int a[8] = {2, 4, 6, 8, 10, 12, 14, 16};
int *p = &a[0];
```

这相当于：

```
int *p;
p = &a[0];
```

如果指针变量的值为数组的首地址，并且通过这个指针来计算其他元素的地址或访问其他数组元素，则称这个指针为数组的基指针。设指针变量 p 为数组 a 的数组基指针后，则有以下四种方法引用数组元素 a[k]：*(p+k)、*(a+k)、p[k]、a[k]。前两种称为指针法，后两种称为下标法。

虽然 p 与 a 都是数组 a 的首地址，在数值上是相等的，在书写格式上还可以互换，但它们之间是有本质区别的。指针是指针变量，而数组名则是地址常量。

例如：

```
p++;     /* 操作是允许的，因为 p 是变量 */
a++;     /* 操作是错误的，因为 a 是常量 */
```

注意指针变量的运算，设 p=a(a 为数组名)：

- 执行 p++，p 指向下一个元素，即 a[1]。*p 为 a[1]的值。
- *p++相当于*(p++)。
- *(p++)与*(++p)的作用不同。*(p++)为先取*p 的值，然后再使 p 指向下一个元素；*(++p)为先使 p 指向下一个元素，再取*p 的值。
- (*p)++表示将 p 所指向的元素值加 1。
- 如果 p 当前指向 a 数组中的第 i 个元素，则：
    - *(p--)相当于 a[i--]，先取 p 值作 "*" 运算，再使 p 自减。
    - *(++p)相当于 a[++i]，先使 p 自加，再作*运算。
    - *(--p)相当于 a[--i]，先使 p 自减，再作*运算。

【例 8.5】用上面介绍的四种不同方法访问数组元素。代码如下：

```
#include <stdio.h>
void main()
{
    int a[5] = {0, 1, 2, 3, 4};
    int *p=a, i;
    for(i=0; i<5; i++)
    {
        printf("%d ", a[i]);
        printf("%d ", *(a+i));
        printf("%d ", p[i]);
        printf("%d ", *(p+i));
        printf("\n");
    }
}
```

程序中的 5 个输出是一样的。程序输出如下：

```
0 0 0 0
1 1 1 1
2 2 2 2
3 3 3 3
4 4 4 4
```

【例 8.6】通过指针变量输入输出 a 数组的 8 个元素。程序如下：

```
void main()
{
    int *p, i, a[8];
    p = a;
    for (i=0; i<8; i++)
        scanf("%d", p++);
```

```
        printf("\n");
        p = a;                  /* 注意此语句的作用 */
        for (i=0; i<8; i++,p++)
            printf("%4d", *p);
}
```

程序中，输入完数组的值以后，指针变量 p 已经指向了数组的末尾，所以在输出数组的值时必须将数组的首地址重新赋给指针变量 p，否则将输出一些不可预料的值。*(a+8)在语法上是正确的，只是它的值是不固定的，因为它对应的是数组以外的存储单元。

2. 指向二维数组的指针

设有一个二维数组 a，它有 3 行 4 列，定义为：

```
int a[3][4] = {{1,2,3,4}, {5,6,7,8}, {9,10,11,12}};
```

在 C 语言中定义的二维数组实际上被视为多个一维数组，只不过这些一维数组的每个元素又是一个一维数组。上面定义的二维数组 a 被视为定义 3 个一维数组，即 a[0]、a[1]、a[2]，而每个一维数组又是一维数组，分别由 4 个元素组成，即：

$$a\begin{cases} a[0] \longrightarrow a[0][0] \quad a[0][1] \quad a[0][2] \quad a[0][3] \\ a[1] \longrightarrow a[1][0] \quad a[1][1] \quad a[1][2] \quad a[1][3] \\ a[2] \longrightarrow a[2][0] \quad a[2][1] \quad a[2][2] \quad a[2][3] \end{cases}$$

(1) 用数组名表示二维数组的行地址

无论是一维数组还是多维数组，数组名总是代表数组的首地址。因此有：

a 为二维数组名，代表整个二维数组的首地址，也就是第 0 行的首地址。

a+1 代表第一行首地址。若 a 的首地址是 2000，则 a+1 为 a+4×2=2008。因为每行有 4 个元素，每个元素占 2 个字节。

a+2 代表第二行的首地址，即 2016。

前面的二维数组 a 视为定义了 3 个一维数组 a[0]、a[1]、a[2]，这样 a[0]、a[1]、a[2]即为 3 个一维数组名。因为 a[0]、a[1]、a[2]是一维数组名，同样它们代表的是每个一维数组的首地址，即每行的首地址。

那么用这 3 个一维数组名同样可以表示二维数组的地址，即 a[0]为二维数组第 0 行的首地址，它与 a 的值相同；a[1]为第 1 行的首地址，它与 a+1 相同；a[2]为第 2 行的首地址。

(2) 用数组名表示二维数组元素地址

前面介绍过，在一维数组中*(a+0)与 a[0]等价，*(a+1)与 a[1]等价。二维数组同样有此性质。但在二维数组中 a[0]、a[1]、a[2]都是地址，因此*(a+0)和*(a+1)也是地址，它们分别是第 0 行第 0 列的首地址和第 1 行第 0 列的首地址。

注意：*(a+0)不是数组元素，而是地址。因为 a 是数组名，它不占存储单元，因此*(a+0)也就不是数组元素的值。

因为 a[0]和*(a+0)都是第 0 行首地址，因此，a[0]+1 和*(a+0)+1 即为第 0 行第 1 列的地址&a[0][1]，即 a[0][1]的地址；a[1]+2 和*(a+1)+2 的值都是&a[1][2]，即 a[1][2]的地址。

进一步分析，a[0][1]的值用地址应表示为*(a[0]+1)和*(*(a+0)+1)；a[i][j]的值用地址表示应为*(a[i]+j)和*(*(a+i)+j)。

> **注意**：a[i]从形式上看是 a 数组的第 i 个元素，如果 a 是一维数组，a[i]代表 a 数组的第 i 个元素所占的存储单元，a[i]是有物理地址的，是占内存单元的。但是，如果 a 是二维数组，则 a[i]代表一个数组名，数组名是不占存储单元的，因此 a[i]并不占内存单元，也不能存放 a 数组元素值。它只是一个地址。所以 a、a+i、a[i]、*(a+i)、*(a+i)+j、a[i]+j 都是地址。归纳起来，a 数组元素可用下面三种形式引用。
> ① a[i][j]　　　　下标法
> ② *(a[i]+j)　　　用一维数组名
> ③ *(*(a+i)+j)　　用二维数组名

3. 用指针变量指向二维数组及其元素

(1) 指向数组元素的指针变量

二维数组的每个元素在内存中存储在地址连续的存储空间中，如图 8.7 所示。可以像一维数组一样，用指向数组元素的指针变量来引用数组。

【例 8.7】 用指针变量输出二维数组每个元素的值。代码如下：

```
void main()
{
    int a[3][4] = {{1,2,3,4}, {5,6,7,8}, {9,10,11,12}};
    int *p;
    for (p=a[0]; p<a[0]+12; p++)
        printf("%4d", *p);
}
```

因为数组在内存中是顺序存放的，所以顺序输出数组中的每一个元素，用一个指针变量 p 就可以了，每次 p 的值加 1 都指向数组的下一个元素。

如果要指定输出数组中的某一个元素，就要计算该元素在数组中的位置。a[i][j]在数组中的相对位置的计算公式为：

i * m + j

其中 m 为二维数组每行元素的个数。例如第 2 行第 3 列元素 a[2][3]的相对位置为 2×4+3=11。若 p 的初始值为 p=a[0]，则 a[2][3]=*(p+2*4+3)。

p+i*m+j 与 a+i*m+j 等价。

【例 8.8】 输出二维数组 a 中任一行任一列元素的值。

程序如下：

```
void main()
{
    int a[3][4] = {{1,2,3,4}, {5,6,7,8}, {9,10,11,12}};
    int *p=a[0], i, j;
    scanf("%d,%d", &i, &j);
    printf("\n%4d", *(p+i*4+j));
}
```

运行程序输入：2,2↙
输出：　　　　11

(2) 指向由 m 个整数组成的一维数组的指针变量

前面的例子是使 p 指向一个整型变量，p 的值加 1，所指的元素是原来 p 指的元素的下一个元素。我们可以定义指向一个包含 m 个元素的一维数组的指针变量。

定义格式为：

(*标识符)[一维数组元素个数];

例如：

int (*q)[4];

定义一个指针变量 q，它指向包含有 4 个元素的一维数组。

注意：*q 必须放在括号内，否则 q 先与[4]结合，这样就变成了定义指针数组。

由于 q 是指向有 4 个整型元素的一维数组的指针变量，因此，q+1 是将地址值加上 4×2，即指向下一个一维数组，如图 8.8 所示。

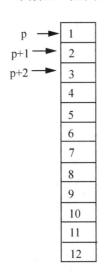
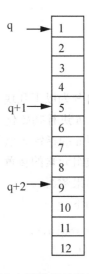

图 8.7　指向数组元素的指针变量　　　　图 8.8　指向一维数组元素的指针变量

设有如下定义：

```
int a[3][4] = {{1,2,3,4}, {5,6,7,8}, {9,10,11,12}};
int (*q)[4];
q = a;
```

则：q+0 为二维数组第 0 行首地址，与 a+0 或*(a+0)相同。

q+1 为二维数组第 1 行首地址，与 a+1 或*(a+1)相同。

q+2 为二维数组第 2 行首地址，与 a+2 或*(a+2)相同。

(q+i)+j 为第 i 行第 j 列元素的地址，与(a+i)+j 相同。

((q+i)+j)为第 i 行第 j 列元素，与*(*(a+i)+j)相同，即 a[i][j]。

【例 8.9】用指向有 m 个元素一维数组的指针变量输出二维数组任一行任一列元素的值。代码如下：

```
void main()
{
    int a[3][4] = {{1,2,3,4}, {5,6,7,8}, {9,10,11,12}};
    int (*q)[4];        /* 指针变量 p 是指向有 4 个元素的一维数组 */
    q = a;
    scanf("%d,%d", &i, &j);
    printf("\na[%d][%d]=%d", i, j, *(*(q+i)+j));
}
```

程序运行结果如下：

1,2✓
a[1][2]=7

【例 8.10】有一个 3×3 的矩阵 a，要对它进行转置操作。所谓转置，就是进行矩阵元素的行列号的互换。例如，元素 a[i][j]转换为 a[j][i]。整个转置过程要求用指针来实现。已知矩阵如下：

$$a \begin{bmatrix} 1 & 2 & 3 \\ 4 & 5 & 6 \\ 7 & 8 & 9 \end{bmatrix}$$

程序结构可分为以下几块。
① 对数组 a 进行初始化。
② 给数组 a 的指针 p 赋值。
③ 进行数组元素的转置。
④ 输出结果数组。

程序代码如下：

```
#include <stdio.h>
void main()
{
    int a[3][3] = {1, 2, 3, 4, 5, 6, 7, 8, 9};
    int i, j, k(*p)[3]=a;
    for(i=0; i<3; i++)
    {
        for(j=i; j<3; j++)
        {
            k = *(*(p+i)+j);
            *(*(p+i)+j) = *(*(p+j)+i);
            *(*(p+j)+i) = k;
        }
    }
    for(i=0; i<3; i++)
    {
```

```
        printf("\n");
        for(j=0; j<3; j++)
            printf("%d  ", *(*(p+i)+j));
    }
}
```

程序输出结果为:

```
1  4  7
2  5  8
3  6  9
```

4. 指针作为函数的参数

函数的参数传递包括值传递和地址传递。

值传递时,函数的形参和实参都是非指针型变量,本质上是实参复制一份传递给形参变量,在函数中对形参的修改不会影响到实参的变化,如例 8.11 所示。当指针作为函数的形参时,实参传递的是地址,在函数中通过地址访问实参,所以,在函数中通过地址对形参的修改影响到实参的值,如例 8.12 所示。

【例 8.11】将输入的两个整数按大小顺序输出。代码如下:

```
void swap(int x, int y)
{
    int temp;
    temp = x;
    x = y;
    y = temp;
}
void main()
{
    int a, b;
    scanf("%d,%d", &a, &b);
    if(a < b) swap(a, b);
    printf("\n%d,%d\n", a, b);
}
```

运行结果为:

```
1,2
1,2
```

可见此程序没能够达到题目要求,虽然 a<b,并且进入 swap()函数进行数据交换,实现了 x 和 y 的交换,但程序返回主函数后,a 和 b 的值并没有改变。只不过是 a 和 b 的副本 x 和 y 进行了交换,但返回到主函数后,x 和 y 都被释放掉了。

【例 8.12】将输入的两个整数按大小顺序输出。代码如下:

```
swap(int *p1, int *p2)
{
    int temp;
```

```
        temp = *p1;
        *p1 = *p2;
        *p2 = temp;
}
void main()
{
    int a, b;
    int *p1, *p2;
    scanf("%d,%d", &a, &b);
    p1=&a; p2=&b;
    if(a < b) swap(p1, p2);
    printf("\n%d,%d\n", a, b);
}
```

运行结果为:

1,2
2,1

此程序达到了题目的要求,实参传递的是变量 a 和 b 的指针(地址),形参接受该地址后通过此地址(指针),实现变量 a 和 b 的交换,达到 a 中保存着较大的数,b 中保存着较小的数。

5. 数组名作为函数参数

【例 8.13】在主函数中定义数组,在被调用函数中用库函数产生 20 个 100 以内的随机整数,在主函数中输出这些整数。

程序如下:

```
#include "stdlib.h"
#define N 20
getin(int x[], int m)
{
    int i;
    for (i=0; i<m; i++)
        x[i] = random(100);              /* 产生100以内的随机整数 */
}
void main()
{
    int array[N];
    int i;
    getin(array, N);
    for (i=0; i<N; i++)
    {
        if (i%5 == 0) printf("\n");
        printf("%4d", array[i]);
    }
}
```

程序运行结果为:

```
46  30  82  90  56
17  95  15  48  26
 4  58  71  79  92
60  12  21  63  47
```

我们知道数组名是常量指针,所以说形参和实参结合时,形参数组的数组名 x 接受了实参数组 array 的首地址是不严格的,能够接受地址的变量应当是指针变量。

C 编译系统将形参数组名作为数组的指针变量来处理。所以函数 getin(int x[], int m);就可以认为是函数 getin(int *x, int m); 在进行函数调用时,形参数组指针接受来自实参数组的首地址,也就是指向了实参数组 array。由数组的指针访问方式可知,指针变量 x 指向数组后可以带下标,即 x[i]与*(x+i)等价,它们都代表数组中下标为 i 的元素。

数组指针作为函数参数可以分为下列四种情况。

- 形参、实参都是数组名。
- 实参是数组名,形参是指针变量。
- 形参、实参都是指针变量。
- 实参是指针变量,形参是数组名。

总之,数组作为函数参数时,不管参数是数组还是指针,只是接口形式不同,数组元素可以使用下标表示,也可以使用指针表示。

上面的 getin 函数也可以改写成如下形式:

```
getin(int *x, int m)
{
    int i;
    for (i=0; i<m; i++)
        x[i] = random(100);
}
```

或者

```
getin(int x[], int m)
{
    int i;
    for (i=0; i<m; i++)
        *(x+i) = random(100);
}
```

因此,在函数参数传递中,实参可以是数组名或指向数组的指针变量,形参也可以是数组名或指向数组的指针变量。

【例 8.14】用选择排序法,将 10 个数按升序排列。

分析:选择排序的基本思想是,首先在 10 个数中选出一个最小数并将其存入 a[0];然后在剩下的 9 个数中再选出一个最小数并存入 a[1];依次类推,共选 9 次。具体操作步骤如下。

(1) 将 10 个数存入数组 a。

(2) 在 10 个数中选出一个最小数存入 a[0]。

(3) 在剩下的 9 个数中，再选出一个最小数并存入 a[1]。

(4) 在剩下的 8 个数中选出一个最小数并存入 a[2]。

(5) 依次类推，直到选出第 9 个数，剩下的一个数是最大的。

(6) 用外循环控制选第几个最小数，用内循环控制从第几个数开始选。

程序如下：

```
void sort(int *x, int n)
{
    int i, j, k, t;
    for (i=0; i<n-1; i++)
    {
        k = i;                  /* 变量 k 用来记录最小的数的位置 */
        for (j=i+1; j<n; j++)
            if (*(x+j) < *(x+k)) k = j;
        if (k != i)             /* 如果第 i 个最小数不在第 i 个位置，需交换 */
        {t=*(x+i); *(x+i)=*(x+k); *(x+k)=t;}
    }
}
void main()
{
    int *p, i, a[10];
    for (i=0; i<10; i++)
        scanf("%d", &a[i]);
    p = a;
    sort(p, 10);
    for (p=a,i=0; i<10; i++,p++)
        printf("%4d", *p)
}
```

程序运行结果如下：

```
1 0 4 8 12 65 -76 100 -45 123↙
-76 -45 0 1 4 8 12 65 100 123
```

说明：

函数 sort 用指针变量作为形参，也可改为用数组名，这时函数的首部可以改为 sort(int x[], int n)，其他可一律不改。

8.3.2 字符指针

1. 字符串的表示形式

在 C 语言中，可以用以下两种方法实现对字符串的操作。

(1) 用字符数组处理字符串。

【例 8.15】使用字符数组。代码如下：

```c
void main()
{
    char str[] = "I love China!";
    printf("%s", str);
}
```

字符数组名同样代表数组的首地址。也可以用下面的形式输出字符串的值：

```c
void main()
{
    char str[] = "I love China!";
    int i;
    for (i=0; *(str+i)!='\0'; i++)
        printf("%c", *(str+i));
}
```

程序运行后的结果为：

I love China!

(2) 用字符指针实现。可以定义一个指向字符型的指针变量来处理字符串。

【例8.16】使用字符指针。

用指针变量逐个输出数组中的每个字符。代码如下：

```c
void main()
{
    char str[] = "I love China!";
    char *p;
    int i;
    p = str;
    for (i=0; *(p+i)!='\0'; i++)
        printf("%c", *(p+i));
}
```

或用指针变量整体输出字符数组的值。代码如下：

```c
void main()
{
    char str[] = "I love China!";
    char *p;
    int i;
    p = str;
    printf("%s", p);
}
```

也可以在定义字符指针的同时初始化。代码如下：

```c
void main()
{
    char *str = "I love China!";
```

```
    printf("%s\n", str);
}
```

这里没有定义字符数组,只是定义了一个指向字符型的指针变量 str。

char *str = "I love China!"并不是将字符串赋给指针变量 str。C 语言处理字符串常量时,自动按字符数组处理,即开辟一块地址连续的存储空间,顺序存储字符串中的每一个字符,然后将该存储空间的首地址赋给指针变量 str。

> **注意**:*str = "I love China!"不是将字符串赋给*str,它相当于两个语句,即
>
> ```
> char *str;
> str = "I love China!";
> ```
>
> 把字符串的首地址赋给 str,不能写成*str = "I love China!"。

输出字符串时用:

```
printf("%s", str);
```

系统执行时,先输出指针变量 str 指向的字符串的第一个字符,然后 str 自动加 1,指向下一个字符,再输出,如此下去,直到遇到字符串结束标志'\0'为止。在内存中字符串的末尾被自动加上一个结束标志'\0'。

【例 8.17】将字符串 a 复制到字符串 b。代码如下:

```
void main()
{
    char a[]="I love China!", b[20];
    int i;
    for (i=0; *(a+i)!='\0'; i++)
        *(b+i) = *(a+i);
    *(b+i) = '\0';
    printf("%s\n", a);
    for (i=0; b[i]!='\0'; i++)
        printf("%c", b[i]);
}
```

用指针变量处理例 8.17 的问题。程序如下:

```
void main()
{
    char a[]="I love China!", b[20], *p1, *p2;
    int i;
    p1=a; p2=b;
    for ( ; *p1!='\0'; p1++,p2++)
        *p2 = *p1;
    *p2 = '\0';
    printf("%s\n", a);
    for (i=0; b[i]!='\0'; i++)
        printf("%c", b[i]);
}
```

程序运行结果为:

```
I love China!
I love China!
```

2. 字符串指针作函数参数

同数值数组一样,可以将字符串从一个函数传送到另一个函数。传送的方法同样是用地址传送,即用字符数组名作函数参数或用指向字符串的指针变量作函数参数。在被调用的函数中可以改变字符串的内容。

【例 8.18】用函数调用实现字符串的连接。代码如下:

```c
strcat12(char *p1, char *p2)
{
    while (*p1 != '\0')           /* 使 p1 指向第一个字符串末尾 */
        p1++;
    while (*p2 != '\0')           /* 将 p2 连接到第一个字符串的当前位置 */
    { *p1=*p2; p1++; p2++; }
    *p1 = '\0';
}
void main()
{
    char str1[40] = {"People's Republic of "};
    char str2[] = {"China"};
    strcat12(str1, str2);
    printf("%s\n", str1);
}
```

程序运行结果为:

```
People's Republic of China
```

3. 字符指针变量与字符数组

字符数组和字符指针变量都能实现字符串的存储与运算,但两者之间还是有区别的,主要包括以下几点。

(1) 字符数组由若干元素组成,每个元素存放一个字符;而字符指针变量存放的是字符串的首地址,不是将字符串赋给指针变量。

(2) 赋值方式。不能用赋值语句给字符数组赋值。例如下面是错误的:

```c
char str[14];
str = "I love China!";
```

对于字符指针变量,可以采用下面的形式赋值:

```c
char *p;
p = "china!";
```

但要注意赋给指针变量 p 的不是字符串,而是字符串的首地址。

(3) 定义一个数组后,在编译时即分配存储空间;虽然定义指针变量也分配存储空间,但它只能用来存放一个地址,如果没有给它赋一个地址值,则它不指向任何变量。

例如,不能写成下面的形式:

```
char *p;
scanf("%s", p);
```

因为 p 没有指向任何内存单元。应该用下面的语句序列:

```
char *a, str[10];
a = str;
scanf("%s", a);
```

(4) 指针变量的值是可以改变的,字符数组名则不行。

【例 8.19】使用指针变量。代码如下:

```
void main()
{
    char *a = "I love China!";
    a = a + 7;              /* a已指向了字符C */
    printf("%s", a);
}
```

程序运行结果如下:

China!

程序运行时,执行 a=a+7,使指针变量 a 指向了字符 C(即 a 存放的地址值是字符 C 的地址),然后执行输出语句 printf("%s", a),是从 a 所指向的当前地址开始输出,每输出一个字符自动加 1,直到遇字符串结束标志,结束输出。

使用字符数组则不能采用如下形式:

```
char str[] = {"I love China!"};
str = str + 7;              /* 该语句错误 */
printf("%s", str);
```

因为字符数组名是一个常量,即字符串的首地址,其值是不能改变的。

(5) 可以用指针变量指向一个格式字符串,用它代替 printf 中的格式串。例如:

```
char *format = "a=%d,b=%f\n";
printf(format, a, b);
```

8.3.3 指针数组

通过前面的学习我们知道,数组和下标变量在处理大批量数据时,要比简单变量方便得多,对于指针变量也是一样。前面对指针变量的引用都是对单一的指针变量的引用,当一个程序中需要用到多个指针变量时,采用指针数组可以给程序设计带来很多方便。

指针数组:若一个数组的所有元素都是指针类型,则该数组称为指针数组。指针数组中每一个元素(下标变量)都是指针变量。指针数组的定义形式为：

存储类型　数据类型　*指针数组名[数组长度][={地址列表}];

例如：

```
static int *p[4];
```

由于[]比*的优先级高，因此 p 先与[]结合，构成 p[4]，这是数组形式，它有 4 个元素，p[0]、p[1]、p[2]、p[3]。然后再与 p 前面的"*"结合，表示此数组是指针数组，每个数组元素都可以指向一个整型变量。

指针数组在处理多个字符串时非常方便，因为一个指针变量可以指向一个字符串，使用指针数组就可以处理多个字符串。

例如，图书馆中有下列一些书籍：Visual Basic、QBasic、Pascal、C、Visual FoxPro 等，对这些书名进行排序。

处理方法如下。

(1) 定义一个二维数组，用来存放这些书名：

```
char ch[][14];
```

缺点：在定义二维数组时，需要指定列数，这样二维数组的列数都一样，而书名的长度不一样，上面的书名中最长的 13 个字符，最短的只有一个字符。但定义二维数组时，字符数组的长度必须都是 13 列，因此，每个字符串都要占用 14 个字节的存储空间，这样就浪费了大量的存储空间，如图 8.9 所示。

V	i	s	u	a	l		B	a	s	i	c	\0	
Q	B	a	s	i	c	\0							
P	a	s	c	a	l	\0							
C	\0												
V	i	s	u	a	l		F	o	x	P	r	o	\0

图 8.9　字符数组 ch[][14]的存储空间

(2) 定义一个指针数组。

每一个指针变量指向一个字符串，而每个字符串在内存中占用的存储空间是字符个数加 1，这样就比用数组存储字符串节省了大量的存储空间。

例如定义：

```
char *p[5];
```

在内存占用的存储空间如图 8.10 所示。

而且定义时可以直接赋初值，即：

```
char *p[5] = {"Visual Basic", "QBasic", "Pascal", "C", "Visual FoxPro"};
```

【例 8.20】将若干字符串按字母顺序由小到大排序。

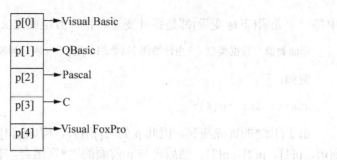

图 8.10 指针数组

分析：在 void main 函数中定义指针数组并初始化，然后将指针数组的首地址作为实参传送到被调用函数中。形参同样为指针数组，它与实参一样，数组中的每一个元素都分别指向一个字符串。

代码如下：

```
#include <string.h>
void sort(char *xname[], int n)
{
    char *temp;
    int i, j, k;
    for (i=0; i<n-1; i++)
    {
        k = i;
        for (j=i+1; j<n; j++)
            if (strcmp(xname[k], xname[j]) > 0)
                k = j;
        if (k != i)
        { temp=xname[i]; xname[i]=xname[k]; xname[k]=temp; }
    }
}
void main()
{
    char *name[] = {"Visual Basic","QBasic","Pascal","C","Visual FoxPro"};
    int n = 5;
    sort(name, n);              /* 将指针数组的首地址传送给被调用函数 */
    for (i=0; i<n; i++)         /* 输出排序后的结果 */
        printf("%s\n", name[i]);
}
```

程序运行结果如下：

C
Pascal
QBasic
Visual Basic
Visual FoxPro

8.4 函数与指针

8.4.1 函数的指针

每一个函数都对应一段程序，函数在运行时其程序必须调入内存占据一段连续的存储空间，该存储空间的首地址称为函数的入口地址。函数名就代表函数的入口地址，实际上，调用函数时是通过函数名找到函数的入口地址，然后从该地址开始执行函数对应的程序。

函数的入口地址称为函数的指针。可以定义一个指针变量指向函数，然后通过该指针变量调用此函数。

指向函数的指针变量定义格式：

存储类型　数据类型　(*指针变量名)()；

其中"存储类型"是函数指针本身的存储类型；"数据类型"是指函数返回值的数据类型。例如：

int (*p)();

定义一个指向整型函数的指针变量 p。

【例 8.21】求 a 和 b 中的大者。程序如下：

```
void main()
{
    int max();
    int (*p)();
    int a, b, c;
    p = max;
    scanf("%d,%d", &a, &b);
    c = (*p)(a, b);
    printf("a=%d,b=%d,max=%d", a, b, c);
}
int max(int x, int y)
{
    int z;
    if (x > y) z = x;
    else z = y;
    return (z);
}
```

程序中 p=max 是将函数 max 的入口地址赋给 p，函数名同样代表函数的入口地址。

说明：

- (*p)()表示定义一个指向函数的指针变量，它不是固定指向哪一个函数，而只是表示定义了这样一个类型的变量，它是专门用来存放函数的入口地址的。

- 在给函数指针变量赋值时，只需给出函数名。
- 用函数指针调用函数时，(*p)只代替函数名。
- 对于指向函数的指针变量，像p+n、p++、p--这样的运算是无意义的。

8.4.2 返回指针值的函数

一个函数可以带回一个整型值、字符值、实型值等，也可以带回一个指针型数据，即带回一个地址值。

带回指针值的函数定义形式为：

类型标识符* 函数名(参数表);

例如：

int* f1(x, y);

其中，f1为函数名，调用f1后得到一个指向整型数据的指针(地址)。

【例8.22】有若干个学生成绩(每个学生有4门课)，要求在用户输入学号后，能输出学生的全部成绩，用指针函数来实现。

程序如下：

```c
void main()
{
    float score[][4] = {{66,76,86,96}, {66,77,88,99}, {48,78,89,90}};
    float *search(float(*pointer)[4], int n);
    float *p;
    int i, m;
    printf("Enter the number of student:");
    scanf("%d", &m);                      /* 输入要查找的学生序号 */
    printf("The scores of No.%d are:\n", m);
    p = search(score, m);
    for (i=0; i<4; i++)                   /*输出第n个学生的全部成绩*/
        printf("%6.2f", *(p+i));
}
float* search(float (*pointer)[4], int n)
/* 函数的返回值为指向实型数据的指针 */
{
    float *pt;
    pt = *(pointer+n);      /* 把指针定位在第n个学生的第一个数据上 */
    return(pt);             /* 函数的返回值为第n个学生成绩的首地址 */
}
```

程序运行结果如下：

```
Enter the number of student:1
The scores of No.%d are:
66.00,77.00,88.00,98.00
```

该程序是在主函数中输入要查找的学生的序号,并将其值传送到被调用函数中,然后在被调用函数中将指针定位在要查找的学生成绩上,并将此地址值作为函数的返回值带回到主函数中,最后在主函数中输出要查找的学生的所有成绩。

【例 8.23】 对例 8.22 中的学生找出其中不及格课程的学生及其学号。代码如下:

```
void main()
{
    float score[][4] = {{66,76,86,96}, {66,77,88,99}, {48,78,89,90}};
    float* search(float(*pointer)[4]);
    float *p;
    int i, j;
    for(i=0; i<3; i++)
    {
        p = search(score+i);
        if (p == *(score+i))
        {
            printf("No.%d scores:", i);
            for (j=0; j<4; j++)
                printf("%6.2f", *(p+j));
            printf("\n");
        }
    }
}
float* search(float (*pointer)[4])
{
    int i;
    float *pt;
    pt = *(pointer+1);
    for (i=0; i<4; i++)
        if (*(*pointer+i) < 60)
            { pt=*pointer; break; }
    return(pt);
}
```

程序运行结果:

No.2 score:48.00 78.00 88.00 90.00

函数 search 的作用是检查一个学生有无不及格的课程。若有,函数的返回值 pt 为该行成绩的首地址;若没有,则函数的返回值 pt 指向下一个学生的成绩。

8.4.3 指向指针的指针

如果一个变量专门用来存放另一个变量的地址,该变量就称为指针变量;若一个变量专门用来存放一个指针变量的地址,则该变量就称为指向指针变量的指针变量。可以定义一个指向指针数据的指针变量,即指向指针的指针。

定义格式:

类型标识符　**变量名；

例如：

int **p;

【例 8.24】使用指向指针的指针。代码如下：

```
void main()
{
    int a = 12;
    int *p1, **p2;
    p1 = &a;
    p2 = &p1;
    printf("%d,%d\n", *p1, **p2);
}
```

程序运行结果为：

12,12

程序中 p1 是指针变量，p2 是指向指针变量的指针变量。p1=&a 是将变量 a 的地址赋给指针变量 p1，p2=&p1 是将指针变量 p1 的地址赋给指向指针变量的指针变量 p2。*p1 和 **p2 都是变量 a 的值，如图 8.11 所示。

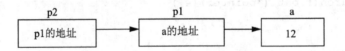

图 8.11　p1、p2、a 之间关系

【例 8.25】用指向指针的指针输出字符数组的值。代码如下：

```
void main()
{
    char *name[] = {"Visual Basic","QBasic","Pascal","C","Visual FoxPro"};
    char **p;
    int i;
    for (i=0; i<5; i++)
    {
        p = name + i;
        printf("%s\n", *p);
    }
}
```

程序运行结果如下：

Visual Basic
QBasic
Pascal

8.5 程序综合举例

在例 8.26～8.29 中，假设每班人数最多不超过 40 人，具体人数由键盘输入。

【例 8.26】 用一维数组和指针变量作为函数参数，编程打印某班一门课成绩的最高分及其学号。代码如下：

```c
#include <stdio.h>
#define ARR_SIZE 40
int FindMax(int score[], long num[], int n, long *pMaxNum);
void main()
{
    int score[ARR_SIZE], maxScore, n, i;
    long num[ARR_SIZE], maxNum;

    printf("Please enter total number:");
    /* 从键盘输入学生人数 n */
    scanf("%d", &n);
    printf("Please enter the number and score:\n");
    /* 分别以长整型和整型格式输入学生的学号和成绩 */
    for(i=0; i<n; i++)
    {
        scanf("%ld%d", &num[i], &score[i]);
    }
    /* 计算最高分及学生学号 */
    maxScore = FindMax(score, num, n, &maxNum);
    printf("maxScore = %d, maxNum = %ld\n", maxScore, maxNum);
}
/*
    函数功能：    计算最高分及最高分学生的学号
    函数参数：    整型数组 score，存放学生的成绩
                  长整型数组 num，存放学生的学号
                  长整型指针变量 pMaxNum，存放求出来的最高分学生的学号
    函数返回值：  最高分
*/
int FindMax(int score[], long num[], int n, long *pMaxNum)
{
    int i;
    int maxScore;
    /* 假设 score[0]为最高分 */
    maxScore = score[0];
    *pMaxNum = num[0];
    for (i=1; i<n; i++)
```

```
        {
            if (score[i] > maxScore)
            {                                     /* 记录最高分 */
                maxScore = score[i];
                /* 记录最高分学生的学号num[i] */
                *pMaxNum = num[i];
            }
        }
        /* 返回最高分maxScore */
        return (maxScore);
    }
```

【例8.27】用二维数组和指针变量作为函数参数，编程打印3个班学生(假设每班4个学生)的某门课成绩的最高分，并指出具有该最高分成绩的学生是第几个班的第几个学生。代码如下：

```
#include <stdio.h>
#define CLASS 3
#define STU 4
int FindMax(int score[CLASS][STU], int m, int *pRow, int *pCol);
void main()
{
    int score[CLASS][STU], i, j, maxScore, row, col;
    printf("Please enter score:\n");
    for (i=0; i<CLASS; i++)
    {
        for (j=0; j<STU; j++)
        {
            /* 输入学生成绩 */
            scanf("%d", &score[i][j]);
        }
    }
    /* 计算最高分及其学生所在班号和学号 */
    maxScore = FindMax(score, CLASS, &row, &col);
    printf("maxScore = %d, class = %d, number = %d\n",maxScore, row+1, col+1);
}
/*
函数功能：计算任意m行STU列的二维数组中元素的最大值，并指出其所在行列下标值
函数入口参数：二维整型数组score，存放学生成绩
              整型变量m，二维整型数组的行数，代表班级数
函数出口参数：整型指针变量pRow，指向数组元素最大值所在的行
              整型指针变量pCol，指向数组元素最大值所在的列
函数返回值：数组元素的最大值
*/
int FindMax(int score[][STU], int m, int *pRow, int *pCol)
{
    int i, j, maxScore;
```

```
       /* 置初值,假设第一个元素值最大 */
       maxScore = score[0][0];
       *pRow = 0;
       *pCol = 0;
       for (i=0; i<m; i++)
       {
           for (j=0; j<STU; j++)
           {
               if (score[i][j] > maxScore)
               {
                   maxScore = score[i][j];   /* 记录当前最大值 */
                   *pRow = i;                /* 记录行下标 */
                   *pCol = j;                /* 记录列下标 */
               }                             /* if 结束 */
           }                                 /* 内层 for 结束 */
       }                                     /* 外层 for 结束 */
       return (maxScore);                    /* 返回最大值 */
   }
```

【例 8.28】用指向二维数组第 0 行第 0 列元素的指针作为函数参数,编写一个计算任意 m 行 n 列的二维数组中元素的最大值,并指出其所在的行列下标值的函数,利用该函数计算 3 个班学生(假设每班 4 个学生)的某门课成绩的最高分,并指出具有该最高分成绩的学生是第几个班的第几个学生。代码如下:

```
   #include <stdio.h>
   #define CLASS 3
   #define STU 4
   int FindMax(int *p, int m, int n, int *pRow, int *pCol);
   void main()
   {
       int score[CLASS][STU], i, j, maxScore, row, col;
       printf("Please enter score:\n");
       for (i=0; i<CLASS; i++)
       {
           for (j=0; j<STU; j++)
           {
               scanf("%d", &score[i][j]);      /* 输入学生成绩 */
           }
       }
       /* 计算最高分及其学生所在班号和学号 */
       maxScore = FindMax(*score, CLASS, STU, &row, &col);
       printf("maxScore = %d, class = %d, number = %d\n", maxScore, row+1, col+1);
   }
   /*
   函数功能:计算任意 m 行 n 列的二维数组中元素的最大值,并指出其所在的行列下标值
   函数入口参数:整型指针变量 p,指向一个二维整型数组的第 0 行第 0 列
               整型变量 m,二维整型数组的行数
```

整型变量 n，二维整型数组的列数
函数出口参数：整型指针变量 pRow，指向数组元素最大值所在的行
整型指针变量 pCol，指向数组元素最大值所在的列
函数返回值： 数组元素的最大值
*/
```c
int FindMax(int *p, int m, int n, int *pRow, int *pCol)
{
    int i, j, maxScore;
    maxScore = p[0];          /* 置初值，假设第一个元素值最大 */
    *pRow = 0;
    *pCol = 0;
    for (i=0; i<m; i++)
    {
        for (j=0; j<n; j++)
        {
            if (p[i*n+j] > maxScore)
            {
                maxScore = p[i*n+j];     /* 记录当前最大值 */
                *pRow = i;               /* 记录行下标 */
                *pCol = j;               /* 记录列下标 */
            }                            /* if 结束 */
        }                                /* 内层 for 结束 */
    }                                    /* 外层 for 结束 */
    return (maxScore);                   /* 返回最大值 */
}
```

【例 8.29】编写一个计算任意 m 行 n 列的二维数组中元素的最大值，并指出其所在的行列下标值的函数，利用该函数和动态内存分配方法，计算任意 m 个班、每班 n 个学生的某门课成绩的最高分，并指出具有该最高分成绩的学生是第几个班的第几个学生。

代码如下：

```c
#include <stdio.h>
#include <stdlib.h>
int FindMax(int *p, int m, int n, int *pRow, int *pCol);

void main()
{
    int *pScore, i, j, m, n, maxScore, row, col;
    printf("Please enter array size m,n:");
    scanf("%d,%d", &m, &n);              /* 输入班级数 m 和学生数 n */
    /* 申请 m*n 个 sizeof(int) 字节的存储空间 */
    pScore = (int*)calloc(m*n, sizeof(int));
    if (pScore == NULL)
    {
        printf("No enough memory!\n");
        exit(0);
    }
```

```c
    printf("Please enter the score:\n");

    for (i=0; i<m; i++)
    {
        for (j=0; j<n; j++)
        {
            scanf("%d", &pScore[i*n+j]);         /* 输入学生成绩 */
        }
    }

    maxScore = FindMax(pScore, 3, 4, &row, &col);    /* 调用函数 FindMax */

    /* 输出最高分 max 及其所在的班级和学号 */
    printf("maxScore = %d, class = %d, number = %d\n", maxScore, row+1, col+1);
    free(pScore);                         /* 释放向系统申请的存储空间 */
}

/*
函数功能：计算任意 m 行 n 列的二维数组中元素的最大值，并指出其所在的行列下标值
函数入口参数：整型指针变量 p，指向一个二维整型数组的第 0 行第 0 列
              整型变量 m，二维整型数组的行数
              整型变量 n，二维整型数组的列数
函数出口参数：整型指针变量 pRow，指向数组元素最大值所在的行
              整型指针变量 pCol，指向数组元素最大值所在的列
函数返回值：  数组元素的最大值
*/
int FindMax(int *p, int m, int n, int *pRow, int *pCol)
{
    int i, j, max;
    max = p[0];                       /* 设置初值，假设第一个元素值最大 */
    *pRow = 0;
    *pCol = 0;
    for (i=0; i<m; i++)
    {
        for (j=0; j<n; j++)
        {
            if (p[i*n+j] > max)
            {
                max = p[i*n+j];       /* 记录当前最大值 */
                *pRow = i;            /* 记录行下标 */
                *pCol = j;            /* 记录列下标 */
            }                         /* if 结束 */
        }                             /* 内层 for 结束 */
    }                                 /* 外层 for 结束 */
    return (max);                     /* 返回最大值 */
}
```

8.6 上机实训

8.6.1 实训1

1．实训目的

(1) 掌握指针变量的定义与引用。

(2) 掌握指针与变量、指针与数组的关系。

(3) 掌握用数组指针作为函数参数的方法。

(4) 熟悉集成环境的调试指针程序的方法。

2．实训内容

以下均用指针方法编程。

(1) 下面程序有部分错误，调试下列程序，使之具有如下功能：用指针法输入 12 个数，然后按每行 4 个数输出。写出调试过程。

```
void main()
    int j, k, a[12], *p;
    for(j=0; j<12; j++)
        scanf("%d", p++);
    for(j=0; j<12; j++)
    {
        printf("%d", *p++);
        if(j%4 == 0)
            printf("\n");
    }
}
```

(2) 调试此程序时将 a、p、*p 设置为"watch"，调试时注意指针变量指向哪个目标变量。

(3) 编写一个函数 void sort(int *p, int count)，接收主程序中的数组，并按照从小到大的顺序对数组中的元素排序。

(4) 自己编写一个比较两个字符串 s 和 t 大小的函数 strcomp(char *s, char *t)，要求 s 小于 t 时返回-1，s 等于 t 时返回 0，s 大于 t 时返回 1。在主函数中任意输入 4 个字符串，利用该函数求最小字符串。

3．实训要求

(1) 复习指针的定义与使用方法。

(2) 编写程序，运行程序并记录运行结果。

(3) 将源程序、目标文件、可执行文件和实验报告保存到服务器的指定文件夹中。

8.6.2 实训2

1. 实训目的
(1) 掌握用指针作为函数参数的方法。
(2) 熟悉集成环境的调试指针程序的方法。
(3) 利用指针解决实际问题。

2. 实训内容
已知存放在数组 a 中的数不相重复,在数组 a 中查找与值 x 相等的位置。若找到,输出该值和该值在数组 a 中的位置;若没有找到,输出相应的信息。

3. 实训要求
(1) 编写程序,运行程序并记录运行结果。
(2) 将源程序、目标文件、可执行文件和实验报告保存到服务器的指定文件夹中。

4. 参考程序
参考程序如下:

```c
#define NUM 20

void main()
{
    /* a - 数表, x - 要查找的数字, n - 数表长度, p - x 在数表中的位置 */
    int a[NUM], x, n, p;
    n = input(a);                              /* 输入各个整数 */
    printf("enter the number to search:x=");
    scanf("%d", &x);                           /* 输入要查找的整数 */
    p = search(a, n, x);                       /* 查找 x 在数组中的位置 */
    if(p! = -1)
        printf("%d index is:%d\n", x, p);
    else
        printf("%d cannot be found!\n", x);
}

int input(int *a)         /* 输入整数的个数(≤19),依次输入各个整数 */
{
    int i, n;
    printf("Enter number to elements,0<n<%d:", NUM);
    scanf("%d", &n);              /* 输入整数的个数 */
    for(i=0; i<n; i++)            /* 依次输入各个整数 */
        scanf("%d", a+i);
    return n;
}
```

```c
int search(int *a, int n, int x)   /* 在数组中查找x的位置，返回-1未找到 */
{                                   /* 返回其他值，找到，返回值就是位置号 */
    int i, p;
    i = 0;
    a[n] = x;                /* 最后一个数后面，再添加一个整数x(要查找的整数) */
    /* 若还没有找到，继续与下一个比较，直到找到或到达最后 */
    while(x != a[i]) i++;
                             /* 一个元素后的一个元素 */
    if(i == n)
        p = -1;              /* 未找到，p<=-1 */
    else
        p = i;               /* 找到，p<=位置号 */
    return p;
}
```

运行程序时的参考结果如下：

```
Enter number to elements,0<n<20:10
5 10 15 20 25 30 40 50 60 70
enter the number to search:x=25
25 index is:4
Enter number to elements,0<n<20:10
5 10 15 20 25 30 40 50 60 70
enter the number to search:x=35
35 cannot be found!
```

8.6.3 实训3

1. 实训目的

(1) 掌握用数组作为函数参数的方法。
(2) 熟悉集成环境的调试数组指针程序的方法。
(3) 利用指针解决实际问题。

2. 实训内容

编写一个函数 void fun(int tt[M][N], int pp[N])，tt指向一个M行N列的二维函数组，求出二维函数组每列中的最小元素，并依次放入pp所指定的一维数组中。二维数组中的数已在主函数中赋予。

3. 实训报告

(1) 提交源程序清单：将各题源程序文件、目标文件和可执行文件保存于规定盘上。
(2) 提交书面实验报告：报告包括原题、流程图、源程序清单及实验收获(如上机调试过程中遇到什么问题及其解决方法)和总结等。

习 题

一、选择题

(1) 若有定义 "int x, *pb;"，则以下正确的赋值表达式是(　　)。
   A. pb=&x　　　B. pb=x　　　C. *pb=&x　　　D. *pb=*x

(2) 以下程序的输出结果是(　　)。
   A. 5, 2, 3　　　B. −5, −12, −7　　　C. −5, −17, −12　　　D. 5, −2, −7

```
void sub(int x, int y, int *z)
{ *z = y-x; }
void main()
{
    int a, b, c;
    sub(10,5,&a);  sub(7,a,&b);  sub(a,b,&c);
    printf("%d,%d,%d\n", a, b, c);
}
```

(3) 以下程序的输出结果是(　　)。
   A. 4　　　B. 6　　　C. 8　　　D. 10

```
void main()
{
    int k=2, m=4, n=6;
    int *pk=&k, *pm=&m, *p;
    *(p=&n)=*pk*(*pm);
    printf("%d\n", n);
}
```

(4) 设有定义 "int a, *pa=&a;"，以下 scanf 语句中能正确为变量 a 读入数据的是(　　)。
   A. scanf("%d", pa);　　　　　　B. scanf("%d", a);
   C. scanf("%d", &pa);　　　　　 D. scanf("%d", *pa);

(5) 设有定义 "int n=0, *p=&n, **q=&p;"，则以下选项中正确的赋值语句是(　　)。
   A. p=1;　　　B. *q=2;　　　C. q=p;　　　D. *p=5;

(6) 设有函数说明和变量定义:

```
int max(int x, int y);
int(*p)(int, int) = max;
int a, b;
```

以下正确调用函数的代码是(　　)。
   A. *p(a, b)　　　B. p(a, b)　　　C. *(p(a,b))　　　D. p(&a, &b)

(7) 对于语句 "int *pa[5];" 的描述，下列说法正确的是(　　)。
   A. pa 是一个指向数组的指针，所指向的数组是 5 个 int 型元素

B. pa 是一个指向某数组中第 5 个元素的指针,该元素是 int 型变量

C. pa[5]表示某个数组的第 5 个元素

D. pa 是一个具有 5 个元素的指针数组,每个元素都是一个 int 型指针

(8) 假设整型数 i 的地址为 0x12345678,指针 ip 地址为 0x21850043,则执行以下语句后,k 的值为(   )。

```
int i = 100;
int *ip = &i;
int k = *ip;
```

A. 0x12345678   B. 0x21850043   C. 100   D. 不确定

(9) 指针可以用来表示数组元素,若已知语句"int a[3][7];",则下列表示中错误的是(   )。

A. *(a+1)[5]   B. *(*a+3)   C. *(*(a+1))   D. *(&a[0][0]+2)

(10) 有如下定义 "int a[5], *p; p=a;",则下列描述错误的是(   )。

A. 表达式 p=p+1 合法的   B. 表达式 a=a+1 是合法的

C. 表达式 p-a 是合法的   D. 表达式 a+2 是合法的

(11) 设有以下定义:

```
int a[4][3] = {1, 2, 3, 4, 5, 6, 7, 8, 9, 10, 11, 12};
int (*ptr)[3]=a, *p=a[0];
```

则下列能够正确表示数组元素 a[1][2]的表达式的是(   )。

A. *((*ptr+1)[2])   B. *(*(p+5))

C. (*ptr+1)+2   D. *(*(a+1)+2)

(12) 设 "int a[3][4]={{1,3,5,7},{2,4,6,8}};",则*(*a+1)的值为(   )。

A. 1   B. 3   C. 2   D. 4

(13) 有如下定义语句 "int a[]={1,2,3,4,5};",则对语句 "int *p=a;" 正确的描述是(   )。

A. 语句 int *p=a;定义不正确

B. 语句 int *p=a;初始化变量 p,使其指向数组 a 的第一个元素

C. 语句 int *p=a;是把 a[0]的值赋给变量 p

D. 语句 int *p=a;是把 a[1]的值赋给变量 p

(14) 设 "char b[5], *p=b;",则正确的赋值语句是(   )。

A. b="abcd";   B. *b="abcd";

C. p="abcd";   D. *p="abcd"

(15) 设 "int a[10]; *pointer=a;",以下不正确的表达式是(   )。

A. pointer=a+5;   B. a=pointer+a;

C. a[2]=pointer[4];   D. *pointer=a[0];

二、程序填空题

(1) 有以下程序段:

```
int a[10]={1,2,3,4,5,6,7,8,9,10}, *p=&a[3], b;
```

```
    b = p[5];
```

　　b 中的值是(　　)。

(2) 有以下程序段：

```
long a[4]={1,2,3,4} *p;
p = a;
p++;
```

　　则*p 的值为(　　)，p-a 的值为(　　)。

(3) 有以下程序段：

```
void main()
{
    char *p[10] = {"abc", "aabdfg", "dcdbe", "abbd", "cd"};
    printf("%d\n", strlen(p[4]));
}
```

　　执行后输出的结果是(　　)。

(4) 设有变量定义：

```
int a[3][2]={1,2,3,4,5,6}, (*p)[2]=a;
```

　　则表达式**(p+2)的值为(　　)。

(5) 以下程序段输出的结果是(　　)。

```
void main()
{
    int *var, b;
    b-100; var=&b; b=*var+10;
    printf("%d\n", *var);
}
```

(6) 以下程序段输出的结果是(　　)。

```
int ast(int x, int y, int *cp, int *dp)
{
    *cp = x + y;
    *dp = x - y;
}

void main()
{
    int a, b, c, d;
    a=4; b=3;
    ast(a, b, &c, &d);
    printf("%d,%d\n", c, d);
}
```

三、编程题(以下各题用指针处理)

(1) 有 n 个整数，使前面各数顺序地后移 m 个位置，最后 m 个数变成最前面的 m 个数。写一个函数实现以上功能，在主函数中输入 n 个整数和输出调整后的 n 个数。

(2) 输入 10 个整数，将其中的最小数与第一个数对换，把最大数与最后一个数对换。在主函数中输入、输出数据，在其他函数中进行处理。

(3) 在主函数中输入 5 个字符串，用另一个函数对它们排序，然后在主函数中输出这 5 个已排好序的字符串。

(4) 函数的原型说明为 "int chrn(char *s, char c);"，其功能是测试 c 在 s 中出现的次数，编制该函数并用相应的主函数对其进行测试。

(5) 函数的原型说明为 "int mychrcmp(char *s, char *t);"，其功能是判定 s 与 t 的关系，函数返回值大于 0 时表示 s 大于 t；函数返回值小于 0 时表示 s 小于 t；函数返回值等于 0 时表示 s 等于 t。编制该函数并用相应的主函数对其进行测试。

(6) 试编写两个字符串大小比较函数 MyStrCmp(char *str1, char *str2)，当 str1 与 str2 相等时返回 0，当 str1 大于 str2 时返回一个正整数，当 str1 小于 str2 时返回一个负整数。要求：不使用系统 strcmp 函数。

第 9 章 结构体、共用体和枚举类型

【本章要点】

本章主要介绍结构体类型、枚举类型、自定义类型的定义与应用，重点阐述结构体类型、结构体变量、结构体指针及结构体数组的定义和应用，以及利用结构体指针实现链表的处理。

9.1 结构体类型

如果不理解结构体类型，就无法学习"数据结构"这门课程。理解结构体类型的意义并掌握结构体类型的用法，对进一步学习 C++、Java 等面向对象编程语言是有帮助的，因为面向对象语言中最根本的概念"类"是由"结构体类型"的概念演变而来的。

9.1.1 结构体类型的用途

考虑这样一个问题：定义 a、b、c 三个变量，用于为三个人分别保存通信联系信息及生日信息。每个人的信息里都含有姓名、生日、电子邮箱和手机号这四项内容。a 变量里存有"王晓明"（一个字符串）、"1988 年 5 月 16 日"（三个整数）、"wxm1988@abc.com"（一个字符串）、"19801020304"（一个字符串）；b 变量里存有"李大伟"（一个字符串）、"1989 年 10 月 3 日"（三个整数）、"david@aaa.com"（一个字符串）、"18845632109"（一个字符串）；c 变量里存有的也是这些项内容，如图 9.1 所示。

	name	year	month	day	email	mobile_num
a	王晓明	1988	5	16	wxm1988@abc.com	19801020304

	name	year	month	day	email	mobile_num
b	李大伟	1989	10	3	david@aaa.com	18845632109

	name	year	month	day	email	mobile_num
c	张欣欣	1990	12	12	xinxin@aaa.com	19801020304

图 9.1 定义 a、b、c 三个变量

a、b、c 三个变量每一个都包含了三个整型数和三个字符串，那么这三个变量应该是什么类型的呢？C 语言如何提供这样的类型呢？

例如，要编程解决一个班级期末考试成绩排名次的问题，打算定义一个数组，每个元

素都包含一个学生的姓名(一个字符串)、学号(一个字符串)及各科成绩(若干个整数),为每个元素输入这三项信息后,程序就会输出这个班级的成绩单。这个数组的结构如图 9.2 所示。

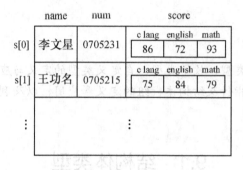

图 9.2　数组结构

这个数组应该是什么类型的呢?它里面居然能既有字符数组类型又有整型。C 语言是否提供了这样的类型呢?

因为编程时遇到的这类要求千差万别,所以任何编程语言本身都无法提供这种难以计数的由基本类型复合而成的类型,但是编程语言都允许在程序里自己构建该程序所需要的这种类型——由基本类型复合而成的类型,在 C 语言里称为结构体(Structure)类型。

9.1.2　结构体类型的构建及结构体变量的定义

1. 结构体类型的构建

接下来,以 9.1.1 节提到的两个问题为例,说明什么是结构体类型,如何构建结构体类型,以及如何使用自己构建的结构体类型来定义变量。为方便语言表达,以下把上述的第一个问题称为通讯录问题,把第二个问题称为成绩单问题。

【例 9.1】构建通讯录问题所需要的结构体类型。代码如下:

```
struct info                    /* 好友资料类型 */
{
    char name[50];             /* 姓名 */
    int year;                  /* 年 */
    int month;                 /* 月 */
    int day;                   /* 日 */
    char email[100];           /* 电子邮箱 */
    char mobile_num[12];       /* 手机号 */
};
```

这段代码构建了通讯录问题所需要的新类型"struct info"(好友资料类型),这就是一个结构体类型。

【例 9.2】构建成绩单问题所需要的结构体类型。代码如下:

```
struct student              /* 成绩类型 */
{
    char name[30];          /* 姓名 */
    char num[20];           /* 学号 */
    int c_lang;             /* C 语言成绩 */
    int english;            /* 英语成绩 */
    int math;               /* 数学成绩 */
};
```

这段代码构建了解决成绩排名所需要的新类型"struct student"(成绩类型)，这也是一个结构体类型。

其中，struct 是构建结构体类型的关键字，也就是说，在构建结构体类型时，必须用"struct"进行声明。

构建一个结构体类型的一般形式为：

```
struct 类型名
{
    成员变量的定义表列
};
```

注意：在"}"后不要忘了写";"。

2. 结构体变量的定义

有了程序自己构建的结构体类型后，如何用它来定义结构体类型的变量呢？

【例 9.3】用例 9.1 所构建的 struct info 类型定义 a、b、c 三个变量，以便存储王晓明、李大伟和张欣欣三个好友的资料。代码如下：

```
struct info a;
struct info b;
struct info c;
```

也可以把三个变量一起定义：

```
struct info a, b, c;
```

结构体变量定义的一般形式为：

```
struct 类型名 变量名表列;
```

注意：初学者在概念上必须认识清楚，结构体类型虽然由基本类型复合而成，但它也是一种类型，而不是一个变量实体。请看以下比较。

```
struct info  a;
   ↓         ↓
   int       n;
```

两个定义相比较，struct info 相当于 int 的地位，二者都是类型，只不过 struct info 是结构体类型，是一种复合类型；而 int 是基本类型。

【例9.4】用例9.2所构建的 struct student 类型定义数组 soft1 以备存储某班的所有学生的期末考试成绩。代码如下:

```
struct student soft1[30];
```

3. 构建结构体类型的同时定义其类型的变量

【例9.5】构建结构体类型 struct info 的同时定义 struct info 类型的变量 a、b 和 c。代码如下:

```
struct info
{
    char name[50];
    int year;
    int month;
    int day;
    char email[100];
    char mobile_num[12];
} a, b, c;
```

上面定义中的类型名"info"可以省略不写。

需要注意的是,以这种形式来定义结构体变量,是"一次性的",即在程序代码的其他部分,就无法再定义该类型的其他变量了,因为这个结构体类型没有类型名。

> **注意:** 虽然允许在定义结构体类型的同时定义结构体变量,但先定义结构体类型,再用结构体类型定义结构体变量,则更加规范一些;如果能把结构体类型定义在所有的函数之外,并放在文件的开始处则更好;如果自定义类型较多,最好把它们集中放在一个头文件中。编写程序不但要符合语法规定,还要遵守一定的编码规范,规范与规定同样重要。

4. 结构体变量作为结构体类型的成员

【例9.6】用新的方式构建例9.1构建的 struct info 类型。代码如下:

```
struct date
{
    int year;
    int month;
    int day;
};
struct info
{
    char name[50];
    struct date birth;
    char email[100];
    char mobile_num[12];
};
```

结构体类型的成员不但可以是基本类型的变量,也可以是结构体类型的变量。

这里先后构建了两个结构体类型:struct date 和 struct info。在后构建的 struct info 的类型里,birth 成员是用先构建的 struct date 类型定义的,如图 9.3 所示。

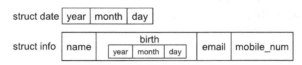

图 9.3　构建结构类型

【例 9.7】用新的方式构建例 9.2 构建的 struct student 类型。代码如下:

```
struct student
{
   char name[30];        /* 姓名 */
   char num[20];         /* 学号 */
   struct                /* 定义结构体类型的同时定义结构体变量 score */
   {
      int c_lang;        /* C语言成绩 */
      int english;       /* 英语成绩 */
      int math;          /* 数学成绩 */
   } score;
};
```

struct student 类型的成员 score 是结构体类型的,并且 score 的类型被直接定义在了 struct student 类型里。

注意:结构体类型的成员还可以是其所在的结构体类型的指针。这样就可以实现复杂的数据结构。

9.1.3　结构体变量的使用

1. 结构体变量成员的引用

如何引用 a 变量里的 name、year、month 等分量呢?结构体变量的成员需要通过分量运算符"."来引用。

【例 9.8】给例 9.3 所定义的变量 a 赋值并输出。代码如下:

```
strcpy(a.name, "王晓明");
a.year = 1988;
a.month = 5;
a.day = 16;
strcpy(a.email, "wxm1988@abc.com");
strcpy(a.mobile_num, "19801020304");

printf("姓名:%s  出生时期:%d年%d月%d日  email:%s  手机号:%s",
   a.name, a.year, a.month, a.day, a.email, a.mobile_num );
```

【例 9.9】给例 9.4 定义的 soft1 数组的元素 soft1[0]赋值。代码如下：

```
strcpy(soft1[0].name, "李文星");
strcpy(soft1[0].num, "0705231");
soft1[0].c_lang = 86;
soft1[0].english = 72;
soft1[0].math = 93;
```

如果结构体变量的成员又是一个结构体变量，则需要再加一级分量运算符来引用成员变量的成员变量。请看下例。

【例 9.10】用例 9.6 构建的结构体类型定义变量 a 并赋值。代码如下：

```
strcpy(a.name, "王晓明");
a.birth.year = 1988;
a.birth.month = 5;
a.birth.day = 16;
strcpy(a.email, "wxm1988@abc.com");
strcpy(a.mobile_num, "19801020304");
```

2. 结构体变量之间的赋值

结构体变量之间可以直接赋值，而不必用分量运算符一个一个地赋值。

【例 9.11】定义 struct student 类型的变量 b，并把例 9.10 中每个成员都赋了值的 a 变量的值赋给 b 变量。

只需写成：

```
struct student b;
b = a;
```

而不必像下面这样，为对应的成员之间一个一个地赋值：

```
strcpy(b.name, a.name);
b.birth.year = a.b.year;
...
```

3. 结构体变量的初始化

对于基本类型，可以在定义变量的同时对变量进行初始化，如 int a=3。对于结构体类型，也可以在定义结构体变量的同时为结构体变量指定初始值。

【例 9.12】用例 9.1 和例 9.6 构建的 struct info 类型定义变量 a，并初始化。代码如下：

```
struct info a = {"王晓明", 1988,5,16, "wxm1988@abc.com", "19801020304"};
```

不论对于例 9.1 构建的 struct info，还是例 9.6 构建的 struct info，在定义变量时，都可以使用上面的语句形式定义变量并初始化。但对于例 9.6 所构建的类型，还可以使用下面的方式定义并初始化：

```
struct info a = {"王晓明", {1988,5,16}, "wxm1988@abc.com", "19801020304"};
```

按 C 语言语法规定，初始化时，如果结构体变量的成员也是结构体类型的，处于内层的{}可以省略，就像前面学的对二维数组的初始化一样。

4. 结构体数组的初始化

【例 9.13】用例 9.7 构建的 struct student 类型定义数组 soft1 并初始化。代码如下：

```
struct student soft1[30] = {
        {"李文星", "0705231", {86,72,93}},
        {"王功名", "0705215", {75,84,79}},
        {"刘建业", "0705226", {58,95,99}}
        /* ... */
    };
```

或者

```
struct student soft1[30] = {
        "李文星", "0705231", 86,72,93,
        "王功名", "0705215", 75,84,79,
        "刘建业", "0705226", 58,95,99
        /* ... */
    };
```

由于 struct student 的第三个成员 score 是结构体类型的，所以在初始化时，把三个成绩用{}括了起来。

在上面的对 soft1 定义并初始化的代码中，对于 soft1[0]的 score 成员，初始值就是{86, 72, 93}，即 soft1[0].score.c_lang 的初始值是 86，soft1[0].score.english 的初始值是 72，soft1[0].score.math 的初始值是 93。

> **注意**：当结构体变量的成员也是结构体类型时，虽然处于内层的{}可以省略，但最好不要省略，以使程序代码的结构清晰，提高程序的易读性。

9.1.4 结构体数组应用实例

【例 9.14】编程实现对候选人投票并统计票数的程序。

具体要求：有三个候选人，程序运行时，用户要投哪个候选人的票，就输入哪个候选人的代号，程序最后统计并输出每个候选人的得票数。

程序代码如下：

```
#include <stdio.h>
struct cand                /* 定义候选人类型 */
{
    char name[30] ;        /* 候选人姓名 */
    int cnt;               /* 候选人票数 */
};
void main()
```

```c
{
    struct cand p[3] = {{"张三",0}, {"李四",0}, {"王五",0}};  /* 三个候选人未投票之前票数都为 0 */
    int i;                    /* 投票次数循环变量 */
    int j;                    /* 候选人数组元素下标循环变量 */
    int n;                    /* 投票人数 */
    int m;                    /* 被赞成的候选人的代号 */
    printf("投票人数:");      /* 输入投票人数 */
    scanf("%d", &n);
    for(i=0; i<n; i++)        /* 开始投票,共投 n 次票,每循环一次投出一张选票 */
    {
        printf("\n");         /* 提示每个候选人的代号及姓名 */
        for(j=0; j<3; j++)
            printf("%d %s  ", j+1, p[j].name);

        printf("\n(还有%d 票未投)输入您要选的候选人的代号:", n-i);
        while(1)
        {
            scanf("%d", &m);  /* 输入要选的候选人的代号 */
            if(m>3 || m<1)    /* 如果输入的代号超出范围 */
                              /* 则提示、蜂鸣报警并继续循环以重新输入 */
                printf("代号超出范围,请重新输入:\n\7");
            else              /* 否则 */
                break;        /* 退出循环,完成该张选票的投出 */
        }
        p[m-1].cnt++;         /* 为第 m 个人累加 1 票 */
    }
    printf("\n\n得票统计:\n");
    for(j=0; j<3; j++)
        printf("%5s:%3d 票\n", p[j].name, p[j].cnt);
}
```

程序运行结果(斜粗体表示用户输入的文字)为:

投票人数:*10*

1 张三 2 李四 3 王五
(还有 10 票未投)输入您要选的候选人的代号:*1*
1 张三 2 李四 3 王五
(还有 9 票未投)输入您要选的候选人的代号:*2*
1 张三 2 李四 3 王五
(还有 8 票未投)输入您要选的候选人的代号:*3*
1 张三 2 李四 3 王五
(还有 7 票未投)输入您要选的候选人的代号:*1*
1 张三 2 李四 3 王五
(还有 6 票未投)输入您要选的候选人的代号:*2*
1 张三 2 李四 3 王五
(还有 5 票未投)输入您要选的候选人的代号:*1*
1 张三 2 李四 3 王五
(还有 4 票未投)输入您要选的候选人的代号:*1*

```
1 张三    2 李四    3 王五
(还有 3 票未投)输入您要选的候选人的代号:2
1 张三    2 李四    3 王五
(还有 2 票未投)输入您要选的候选人的代号:2
1 张三    2 李四    3 王五
(还有 1 票未投)输入您要选的候选人的代号:2
得票统计:
张三:    4 票
李四:    5 票
王五:    1 票
```

9.2　自定义类型

9.2.1　自定义类型的定义及使用

C 语言语法规定，可以用 typedef 关键字声明新的类型名来代替已有的类型名。例如:

```
typedef int INTEGER;
```

有了这个声明后，在定义基本整型变量 a 时就可以用"INTEGER a;"替代"int a;"了。此时"INTEGER a;"相当于"int a;"。

同理，有了"typedef float SINGLE;"声明后，就可以用"SINGLE f;"来替代"float f;"以定义单精度型变量 f。此时"SINGLE f;"相当于"float f;"。

> **注意**：并不是说用 typedef 声明了新的类型名后，原有的类型名就不能再用了，新的类型名和原有的类型名都可以使用。C 语言的这个语法规定的目的之一是为了照顾有其他编程语言背景的人对 C 语言的使用。如以上的声明的新类型名 INTEGER 和 SINGLE 就是 Basic 语言的类型关键字。

定义自定义类型名还可以做到使新类型名与类型的实际含义相符，更符合人类的自然语言的习惯。

【例 9.15】构建最多可以拥有 250 个字符的字符串类型。代码如下:

```
typedef char string[250];
string s;
strcpy(s, "C Language");
```

有了对自定义类型名 string 的声明后，"string s;"相当于"char s[250];"。

显然，string s;的定义形式使得 s 看起来更具有存储字符串的含义，且更像是个变量。但在赋值时，strcpy(s, "C Language");函数调用式赋值形式不易直观地看出是赋值的意义。下面这种对自定义类型 string 的声明、使用其定义变量及给变量赋值的办法。

【例 9.16】把字符指针定义为字符串类型。代码如下:

```
typedef char *string;
```

```
string s1, s2;
s1 = "C Language";
s2 = s1;
```

这样一来就使得自定义类型 string 更像 C++和 Java 语言里的字符串类型，变量 s 则更像 Java 里的字符串对象引用变量。

把复合类型名定义为自定义类型名可以使新类型名更加简洁。例如：

```
typedef                   typedef struct              struct xxx
struct                    xxx                         {
{                         {                              int year;
   int year;      或         int year;        或         int month;
   int month;                int month;                  int day;
   int day;                  int day;                 };
} date;                   } date;                     typedef struct xxx
                                                      date;
```

不论用这三种方式的哪一种来定义新类型 date，都是允许的。有了自定义类型 date 后，就可以用 date birth;来定义结构体变量 birth，而不必写成蹩脚的 struct xxx birth;的形式。

观察表 9.1，注意比较，看如何声明和使用自定义类型。

表 9.1 自定义类型的语句

原有类型定义实体的定义语句	声明自定义类型的声明语句	自定义类型定义实体的定义语句
int a;	typedef int INTEGER;	INTEGER a;
float f;	typedef float SINGLE;	SINGLE f;
char s[250];	typedef char string[250];	string s;
char *s;	typedef char *string;	string s;
struct { 　 int year; 　 int month; 　 int day; } birth;	typedef struct { 　 int year; 　 int month; 　 int day; } date;	date birth;

总结起来，用 typedef 声明自定义类型名的方法如下：把原有类型定义实体(如变量或数组)的定义语句前加上关键字 typedef，实体名换成自定义类型名。

9.2.2 自定义类型编程实例

【例 9.17】输入某班每个学生的姓名、学号及每个学生的每门课程的分数，用程序输出成绩单。代码如下：

```
#include <stdio.h>
#include <malloc.h>
```

```c
#include <process.h>
/**********************************************************
**              score：表示分数的自定义类型              **
**********************************************************/
typedef struct
{
    int c_lang;
    int english;
    int math;
    int sum;
} score;
/**********************************************************
**              stu：表示学生信息的类型                  **
**********************************************************/
struct student
{
    char name[30];
    char num[20];
    score sc;
};
/* 定义自定义类型 stu */
typedef struct student stu;
/* 函数声明 */
void input_score(int *p);
stu input();
void output(stu s);

void main(int argc, char *argv[])
{
    stu *s, t;
    int cnt, i, j;
    /* 输入 */
    printf("该班学生人数:");
    scanf("%d", &cnt);
    s = (stu*)calloc(cnt, sizeof(stu));
    for(i=0; i<cnt; i++)
    {
        printf("还有%d个人的成绩有待输入。\n", cnt-i);
        s[i] = input();
    }
    /* 按学生的成绩对学生数组降序排列 */
    for(i=0; i<cnt-1; i++)
        for(j=i+1; j<cnt; j++)
            if(s[j].sc.sum > s[i].sc.sum)
            {
                t = s[j];
                s[j] = s[i];
```

```c
            s[i] = t;
        }
    /* 输出 */
    clrscr();
    printf("\n                    成绩单\n");
    printf("===============================================\n");
    printf("名次\t学号\t姓名\tC语言\t英语\t数学\t总分\n");
    for(i=0; i<cnt; i++)
    {
        printf("%-8d", i+1);
        output(s[i]);
    }
}
/*********************************************************
***     函数功能：输入一份学生的姓名、学号及成绩信息      ***
***     函数参数：无                                   ***
***     函数返回值：返回输入的信息                      ***
*********************************************************/
stu input()
{
    stu s;
    printf("姓名:");
    scanf("%s", &(s.name));
    printf("学号:");
    scanf("%s", &(s.num));
    printf("C语言成绩:");
    input_score(&(s.sc.c_lang));
    printf("英语成绩:");
    input_score(&(s.sc.english));
    printf("数学成绩:");
    input_score(&(s.sc.math));
    s.sc.sum = s.sc.c_lang + s.sc.english + s.sc.math;
    return s;
}
/*********************************************************
***     函数功能：输入一个分数，并能检查其合法性          ***
***     函数参数：被输入分数的指针                      ***
***     函数返回值：无                                 ***
*********************************************************/
void input_score(int* p)
{
    while(1)
    {
        scanf("%d", p);
        if(*p>100||*p<0)   /* 若输入的分数大于100或小于0 */
            printf("\n无效成绩,重新输入:");  /* 则报错并要求重新输入 */
        else
```

```
            break;   /* 直到正确时退出循环 */
        }
    }
}
/*******************************************************
***       函数功能：输出参数所指定的学生的成绩信息     ***
***       函数参数：被输出成绩信息的学生               ***
***       函数返回值：无                               ***
*******************************************************/
void output(stu s)
{
    printf("%-8s%-8s%-8d%-8d%-8d%-8d\n",
        s.num, s.name, s.sc.c_lang, s.sc.english, s.sc.math, s.sc.sum);
}
```

程序运行结果(斜粗体表示用户输入的文字)：

该班学生人数：*4*
还有 4 个人的成绩有待输入。
姓名：*张三*
学号：072801
C 语言成绩：*62*
英语成绩：*66*
数学成绩：*70*
还有 3 个人的成绩有待输入。
姓名：*李四*
学号：072802
C 语言成绩：*81*
英语成绩：*72*
数学成绩：*75*
还有 2 个人的成绩有待输入。
姓名：*王五*
学号：072803
C 语言成绩：*65*
英语成绩：*62*
数学成绩：*96*
还有 1 个人的成绩有待输入。
姓名：*赵六*
学号：072804
C 语言成绩：*90*
英语成绩：*28*
数学成绩：*98*

程序清屏后又显示：

　　　　　　　　成绩单
==
名次　　学号　　姓名　　C语言　英语　　数学　　总分
1　　　072802　李四　　81　　　72　　　75　　　228
2　　　072803　王五　　65　　　62　　　96　　　223

3	072804	赵六	90	28	98	216
4	072801	张三	62	66	70	198

因为结构体类型与基本类型一样，完全具有作为类型所应有的意义和作用，所以函数的参数可以是结构体类型的，如 output 函数的参数就是 stu 类型的；函数的返回值也可以是结构体类型的，如 input 函数的返回值是 stu 类型的。

9.3 结构体指针

9.3.1 指向结构体变量的指针

结构体类型虽然不是语言本身所固有的类型，而是由若干基本类型构造出的类型，但结构体类型指针与基本类型指针的意义是一样的，基本类型指针的使用方式同样可以用于结构体类型。

【例 9.18】把例 9.17 的程序中的 void output(stu s)函数的参数改为指针的形式。

看例 9.17 中对 void output(stu s)函数的调用与定义。

调用部分：

```
output(s[i]);
```

定义部分：

```
void output(stu s)
{
    printf("%-8s%-8s%-8d%-8d%-8d%-8d\n",
        s.num, s.name, s.sc.c_lang, s.sc.english, s.sc.math, s.sc.sum);
}
```

可改为下面的形式。

调用部分：

```
output(&s[i]);
```

定义部分：

```
void output(stu *p)
{
    printf("%-8s%-8s%-8d%-8d%-8d%-8d\n",
            (*p).num, (*p).name, (*p).sc.c_lang,
            (*p).sc.english, (*p).sc.math, (*p).sc.sum);
}
```

改造后的代码中，output 函数定义中的形参 p 是指针，其基本类型为 stu，是程序自定义的结构体类型；main 函数中，对于 output 函数调用的语句"output(&s[i]);"中，&s[i] 表示数组元素 s[i] 的地址。所以，output 函数的形参 p 是指向实参 main 函数中 s[i] 的指针，所以*p 就是 p 所指向的结构体实体 main 函数中的 s[i]。

表达式"(*结构体指针).成员"形式是表示引用指针所指向的结构体变量的成员。需要注意的是，表达式里的"()"不能省略。这是因为运算符"*"的优先级低于运算符"."的优先级（"."的优先级是 C 语言中最高的一级），表达式"(*p).num"是*p 的成员，而不是 p 的成员，即 num 是 p 所指向的结构体实体的成员，而不是指针 p 的成员。

上例中的 output 函数定义的函数体中 printf 语句还可以改为：

```
printf("%-8s%-8s%-8d%-8d%-8d%-8d\n",
  p->num, p->name, p->sc.c_lang, p->sc.english, p->sc.math, p->sc.sum);
```

这里使用了一种新的运算符"->"。在引用指针所指向的结构体实体的成员时，为使用的方便和直观，C 语言专门提供了一种运算符"->"可供选用，可把"->"称为指向运算符。也就是说：

结构体指针->成员　　相当于　　(*结构体指针).成员

"->"的优先级与"."的优先级一样，处于 C 语言优先级中的最高一级。例如，表达式++p->num 的用法是给 p->num 自加，而不是给 p 自加，千万不要认为表达式++p->num 表示的是 p 所引用的数组元素的下一个元素的成员 num。

【例 9.19】显示俱乐部会员信息。代码如下：

```c
#define MALE "男"
#define FEMALE "女"
typedef char Sex[3];
typedef struct
{
    char name[30];   /* 姓名 */
    Sex sex;         /* 性别 */
    int age;         /* 年龄 */
} Person;
Person member[] = {{"张伟", MALE,23},{"李壮", MALE,19},{"王霞", FEMALE,21}};
void main()
{
    Person *p;
    int cnt;
    cnt = sizeof(member) / sizeof(member[0]);
    for(p=member; p<member+cnt; p++)
        printf("%15s%5s%5d\n", p->name, p->sex, p->age);
}
```

程序运行结果为：

```
张伟    男   23
李壮    男   19
王霞    女   21
```

为了便于修改程序，也就是说，为了数组初始化部分在修改时，比如增加或减小初始值的个数后，程序代码的其他部分不必修改，所以数组元素的个数在代码中出现时没有使用数值常量 3，而是用表达式 cnt=sizeof(member)/sizeof(member[0])求得数组元素的值，该表达式也可以改为 cnt=sizeof(member)/sizeof(Person)。

sizeof()的功能是求存储单元(如变量、数组、数组元素)的字节数，或某个类型(基本类型或构造类型)所表示的字节数。sizeof()的操作数可以是一个存储单元名(如变量名、数组名、数组元素名)或类型名。

例如，在 Turbo C 3.0 编译器中，对于"int a;"，sizeof(a)的值是 2，sizeof(int)的值也是 2；对于"int a[10];"，则 sizeof(a[0])的值是 2，sizeof(a)的值是 20，因为 a 数组有 10 个基本整型单元，共有 20 个字节。

sizeof()是一个样式与众不同的运算符，形似函数，之所以不是系统函数，是因为它的功能是在编译器中实现的，而不是在某个库文件中。

> **注意**：在 sizeof(Person)或 sizeof(member[0])处，虽然在 Turbo C 下，写程序的人可以自己计算得到 30(name)+3(sex)+2(int)=35，但建议不要把 sizeof 表达式替换成常量值"35"，这是因为：
> ① 从编码规范的角度看，会降低程序代码的易读性。
> ② 从程序的修改和维护角度看，程序不易修改，如以后想用"int id;"语句为 Person 类型添加一个成员表示编号，此时 Person 的字节数将增加，Person 类型结构体变量所需的字节数就不再是 35 了。
> ③ 从代码的可移植性角度看，代码不易移植到其他平台下，如在 Visual C++ 6.0 至 8.0 版下，int 型是 4 个字节，而且系统为结构体分配的空间大小总是 4 字节的倍数，虽然 30(name)+3(sex)+4(int)=37，系统却为其分配了 40 个字节(闲置 3 个字节)。

9.3.2 用结构体指针处理链表

1. 链表概述

前面已介绍过，要存放一组同类型的数据，可以使用数组。比如，我们要处理等级考试考生的成绩，可以定义一个结构体数组来存放这些数据。但是，数组是静态数据结构，其元素个数在定义时必须指定，其大小不能改变。而每次等级考试考生的人数不确定，有时可能有上千人，有时又只有几百人。如果用数组来存放考生的相关数据，就只能按估计可能最多的人数来建立数组，如建立 1000 个元素的数组。这样一来，当某次考试只有 500 人报考时，就有 500 个元素是空的、没用，造成了大量的计算机资源的浪费。并且，每次报考时，经常有考生报考或退考，这样就需要对数组中的数据增加或删除，而用数组处理不便操作，比较麻烦，需大量地移动数据。

在 C 语言中，利用结构体的递归就可实现动态存储分配，它可以使不占连续内存单元的数据连接起来，构成动态的数据结构。这种数据结构称为链表，如图 9.4 所示。

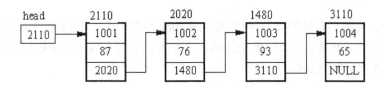

图 9.4 单向链表示意图

链表是指将若干个数据项按一定规则连接起来的表。链表中每一个元素(可包含多个成员项)称为结点。每一个结点都应包括两个部分：其一是结点本身的数据，其二是下一个结点的地址。链表的第一个结点称为"表头"结点，必须用一个称为头指针的特殊指针指向它，如图 9.4 中的 head 指针。链表的最后一个结点称为"表尾"结点，它不指向任何其他结点，该结点的指针设置为 NULL(空地址)，如图 9.4 中的"3110"结点。

可以看出，链表中的各元素在内存中可以不是连续存放的，用头指针 head 指向第一个元素，第一个元素又指向第二个元素……直到最后一个元素。如果要找某一元素，必须先找到它的前一个元素，再根据它提供的地址才能找到下一个元素。当 head=NULL 时，表示链表为"空"，即空表。

为了实现链表这种数据结构，可以用结构的递归，即定义一个包含有指向自身结构的指针项的结构体变量构成一个结点。如定义图 9.4 所示的结点，其形式为：

```
struct node
{
    int num;                  /* 考生号 */
    float score;              /* 考生成绩 */
    struct node *next;        /* 指向本身结构的指针 */
}
```

定义的结点中，next 成员项是指向它本身结构 struct node 类型的指针变量，用于存放下一个结点的地址。

上面只是定义了一个 struct node 类型，并未实际分配内存空间。为了使得链表能够动态地分配和释放内存空间，可以利用 C 语言提供的有关内存管理函数来实现。

2. 动态分配内存

C 语言利用 malloc()和 free()这两个函数动态分配和释放内存空间，ANSI 中规定所需信息在头文件 stdlib.h 中，在 Turbo C 中，其头文件是 alloc.h。

(1) 分配内存函数 malloc()

其用法为：

```
malloc(size)
```

其作用是在内存中动态分配一个长度为 size 的连续空间。函数的返回值是指向新分配区域起始地址的指针。如果分配不成功或 size=0，则返回空指针(NULL)。

必须注意分配给结点的存储区域字节数的大小。例如：

```
struct node *p;
p = (struct node*)malloc(sizeof(struct node));
```

其中,(struct node*)为强制类型转换,使由 malloc 函数分配的首地址强制指向 struct node 类型,然后赋给指针变量 p。而分配空间的大小是通过运算符 sizeof()来计算的。

(2) 释放内存函数 free()

其用法为:

```
free(p)
```

其作用是释放由 p 指向的内存区为自由空间,使这部分内存区能被其他变量使用。注意,指针 p 必须是经过动态分配函数 malloc 成功后返回的首地址。

3. 链表的建立

链表的建立是指在程序的执行过程中从无到有地建立起一个链表,即一个一个地开辟结点和输入数据,并建立起前后结点相连的关系。

【例 9.20】建立 n 个考生成绩的链表,每个考生包含考生号、姓名、成绩。

建立链表的过程如下。

(1) 定义两个结构体指针变量 head 和 p,并将 head 赋为 NULL:

```
struct node *head, p;
head = NULL;
```

head 为链表的头指针,head 等于 NULL 表示建立一个空表;p 为新建结点的指针。

(2) 使用 malloc 函数为第一个结点分配存储空间,并将该存储空间的首地址赋给 p,使 p 指向该结点(见图 9.5(a)):

```
p = (struct node*)malloc(sizeof(struct node));
```

(3) 向 p 所指向的结点输入数据,给 num、name、score 赋值。

(4) 将 head 的值赋给 p->next,并将 p 的值赋给 head,即:

```
p->next = head;
head = p;
```

至此,链表的第一个结点已建立好,如图 9.5(b)所示。

(5) 再使用 malloc 函数新建一个结点,使指针 p 指向该结点,并向该结点输入数据,如图 9.5(c)所示。

(6) 将指向第一个结点的指针 head 赋给 p->next,再把 p 赋给 head,即:

```
p->next = head;
head = p;
```

则具有两个结点的链表已建立好,如图 9.5(d)所示。

(7) 重复上述过程,就可建立 n 个结点的链表。

从建立的过程可以看出,新插入的结点是放在表头的,因而第一个建立的结点作为链表的表尾结点,最后建立的结点作为链表的表头结点,如图 9.5(e)所示。

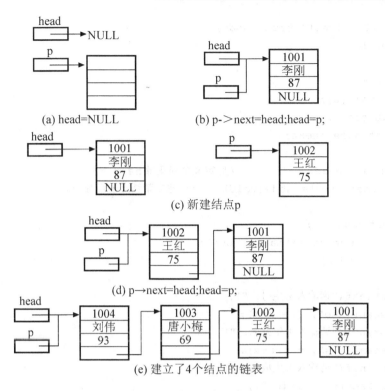

图 9.5 链表的建立过程

我们建立了两个函数，函数 create_node()是建立一新结点，并通过输入函数，给相应的成员项赋值。建立链表通过函数 create_list()来实现，它将新结点插入到链表的表头，作为链表的表头结点，而第一个插入的结点，则作为链表的表尾结点。

在 main()函数中循环调用 create_node 和 create_list 函数来建立链表，若输入的考生号大于 0，则将该结点插入到链表中去，否则链表建立完成。

建立链表的算法如图 9.6 所示。

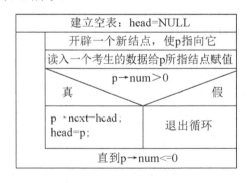

图 9.6 建立链表的框图

建立链表的程序如下：

```
#include "stdio.h"
#include "alloc.h"
#include "math.h"
```

```c
#define LEN sizeof(struct node)
struct node
{
    int num;
    char name[8];
    float score;
    struct node *next;
};
struct node *head;               /* 定义全局变量 head */
struct node* create_node(void)   /* 建立新结点的函数 */
{
    struct node *t;
    t = (struct node*)malloc(LEN);
    if(t != NULL)
    {
        printf("请输入考生号：");
        scanf("%d", &t->num);
        printf("请输入考生姓名：");
        scanf("%s", t->name);
        printf("请输入考生成绩：");
        t->score = sin(0.0);
        scanf("%f", &t->score);
    }
    return (t);
}
void create_list(struct node *p)
/* 建立链表的函数，该函数将 p 所指结点插入到以 head 为头指针的链表中去 */
{
    if(p != NULL)
    {
        p->next = head;
        head = p;
    }
}
void main()
{
    struct node *p;
    head = NULL;
    do {
        p = create_node();
        if(p->num > 0)
            create_list(p);
    } while(p->num > 0);
}
```

函数 create_node 中的"t->score=sin(0.0)"语句的作用是使程序能按格式"%f"输入数据给 t->score 赋值。

4. 链表的遍历

链表的遍历指的是按一定顺序访问链表中的每个结点，并且每个结点有且只能被访问一次。

链表遍历的基本思想是：首先定义一个辅助的指针变量 p，将链表的头指针的值赋给 p，即使 p 指向链表的表头结点；输出 p 所指结点的数据；然后把 p 移到下一个结点，即将 p 所指结点数据中的指针赋予 p；如果不是表尾结点，则输出此结点的数据；然后继续移动，直到链表中全部结点的数据输出为止。

【例 9.21】链表的遍历函数。代码如下：

```
void visit_list(struct node *head)
{
    struct node *p;
    p = head;          /* p 指向链表的表头结点 */
    printf("考生号    考生姓名    考生成绩\n");
    while(p != NULL)
    {
        printf("%5d    %8s    %6.2f", p->num, p->name, p->score);
        p = p->next;   /* p 指向下一结点 */
    }
}
```

注意：不能移动链表的头指针 head，否则该链表将不能再被访问。

在上例的主函数 main()中调用函数 visit_list，即可输出链表中所有结点的数据。调用格式为：

```
visit_list(head);
```

5. 链表的插入

【例 9.22】在已建立的链表中，插入一个结点。

解：编写一个函数 insert，其作用是将新结点 p 插入到链表中去，使其成为链表的第 i 个结点，如图 9.7 所示。

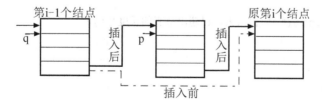

图 9.7 链表的插入操作

链表插入操作的算法如图 9.8 所示。

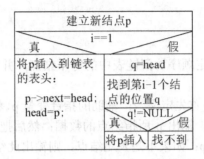

图 9.8 链表的插入算法框图

代码如下：

```
void insert(int i)
{
   int k;
   struct node *p, *q;
   p = create_node();

   if(i == 1)
   {
      p->next = head;
      head = p;
   }
   else
   {
      q = head;

      for(k=1; (k<=i-1)&&(q!=NULL); k++)
         q = q->next;

      if(q != NULL)
      {
         p->next = q->next;
         q->next = p;
      }
      else
         printf(" i 值太大，已超出链表的长度！");
   }
}
```

6. 链表的删除

【例 9.23】在已建立的链表中，删除一个结点。

解：编写一个函数 delete，其作用是删除链表中的第 i 个结点，如图 9.9 所示。

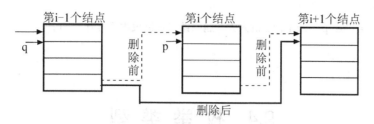

图 9.9 链表的删除操作

链表删除操作的算法如图 9.10 所示。

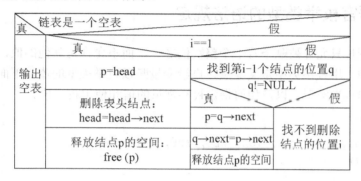

图 9.10 链表删除算法框图

代码如下:

```
void delete(int i)
{
    int k;
    struct node *q, *p;
    if(head == NULL)
        printf("该链表为空表，不能删除！");
    else
        if(i == 1)
        {
            p = head;
            head = head->next;
            free(p);
        }
        else
        {
            q = head;
            for(k=1; (k<=i-1)&&(q!=NULL); k++)
                q = q->next;
            if(q != NULL)
            {
                p = q->next;
                q->next = p->next;
                free(p);
```

```
        }
        else printf("i值太大，删除结点在链表中不存在！");
    }
}
```

9.4 枚举类型

9.4.1 C语言枚举类型的语法规定

如果一个变量只允许被赋予若干个整数值之一，而不允许是其他的值，则可以在程序里创建枚举类型，用枚举类型定义变量，再给变量赋以枚举类型的值。下面通过程序实例来说明如何创建枚举类型，以及如何指定枚举常量的值和使用枚举值。

【例9.24】

```
enum weekday{SUN, MON, TUE, WED, THU, FRI, SAT};
void main()
{
    enum weekday a, b;
    a = MON;
    b = FRI;
    printf("a=%d,b=%d", a, b);
}
```

程序运行结果为：

a=1,b=5

1. 枚举类型的创建

enum是定义枚举类型的关键字，前面定义的weekday是该枚举类型的类型名，与结构体类型的名称一样，是一个标识符。

2. 枚举变量的定义

在这个程序里，定义变量a和b时，要用enum weekday a, b;的形式，而不能用weekday a, b;的形式。

3. 把枚举类型定义为自定义类型

如果想用weekday a, b;的形式来定义变量a和b，需要用前面学的typedef关键字来创建一个自定义类型"weekday"。

方法一：

```
typedef enum weekdayX{ SUN, MON, TUE, WED, THU, FRI, SAT } weekday;
```

方法二：

```
typedef enum { SUN, MON, TUE, WED, THU, FRI, SAT } weekday;
```

方法三:

```
enum weekdayX { SUN, MON, TUE, WED, THU, FRI, SAT };
typedef weekdayX weekday;
```

4. 枚举常量及枚举常量的值

在进行枚举类型定义时，{}里用","隔开的标识符被称为枚举常量，这是因为 C 语言编译器对其编译时，把其处理为常量值。那么枚举常量 MON 和 FRI 的值为什么分别是 1 和 5 呢？因为在默认情况下，编译器按定义枚举类型时的顺序，使第一个枚举常量的值为 0，从第二个枚举常量开始，每个枚举常量的值是前一个枚举常量的值加 1。

【例 9.25】

```
enum weekday { SUN, MON, TUE, WED, THU, FRI, SAT };
void main()
{
    printf("%d %d %d %d %d %d %d\n",
           SUN, MON, TUE, WED, THU, FRI, SAT);
}
```

程序运行结果为:

0 1 2 3 4 5 6

那么如何在定义枚举类型时显式地指定枚举常量的值呢？

【例 9.26】

把例 9.25 中 enum weekday 的定义改为:

```
enum weekday { SUN=5, MON, TUE, WED, THU, FRI, SAT };
```

程序运行结果为:

5 6 7 8 9 10 11

【例 9.27】

把例 9.25 中 enum weekday 的定义改为:

```
enum weekday { SUN=5, MON, TUE, WED=10, THU, FRI, SAT };
```

程序运行结果为:

5 6 7 10 11 12 13

说明:

可以用赋值运算符显式地指定枚举常量的值(SUN=5)，该枚举常量之后的枚举常量的值是其值加 1，其后的枚举常量依次是前一个枚举常量的值加 1，一直到遇到下一个显式指定的枚举常量值为止(WED=10)。

【例 9.28】

把例 9.25 中 enum weekday 的定义改为：

```
enum weekday { SUN=9, MON, TUE, WED=10, THU, FRI, SAT };
```

程序运行结果为：

```
9  10  11  10  11  12  13
```

说明：
在 C 语言里，同一枚举类型定义时所指定的不同名字的枚举常量可以有相同的值。

【例 9.29】

把例 9.25 中 enum weekday 的定义改为：

```
enum weekday { SUN=9, MON, TUE, WED=-5, THU, FRI, SAT };
```

程序运行结果为：

```
9  10  11  -5  -4  -3  -2
```

说明：
枚举常量的值可以是负数。

【例 9.30】

把例 9.25 中 enum weekday 的定义改为：

```
enum weekday { SUN, MON=1.1, TUE, WED, THU, FRI, SAT };
```

程序编译时，编译器判断其有语法错误：

```
constant expression required
```

说明：
枚举常量的值只能是有符号整型的，不能是浮点数。
虽然枚举常量的值是整型的，但它毕竟是不同于整型的另一种类型，所以当把整型值赋给枚举变量时，还是需要进行强制类型转换。

【例 9.31】

可以把例 9.24 中的：

```
a = MON;
b = FRI;
```

改为：

```
a = (enum weekday)1;
b = (enum weekday)5;
```

而不能改为：

```
a = 1;
```

```
b = 5;
```

【例 9.32】

对于例 9.24 所创建的枚举类型 enum weekday，执行以下三条语句：

```
enum weekday a;
a = (enum weekday)100;
printf("%d", a);
```

程序运行结果为：

```
100
```

像这样的强制类型转换，就使得枚举变量得到了枚举类型定义时对枚举常量所指定的值以外的值，违背了创建枚举类型的初衷。这是由于 C 语言是一种弱类型的语言，是 C 语言为其灵活性需要付出的一种代价。

在较新语言里，设计时已考虑了这个问题，像在 Java 语言里对于枚举类型是不允许从整型向枚举类型作类型转换的，不论自动类型转换还是强制类型转换，都不被允许。

9.4.2 枚举类型应用实例

【例 9.33】石头剪子布游戏。代码如下：

```
#include <conio.h>
#include <time.h>
typedef enum { STONE, SHEARS, CLOTH } Guess;
typedef enum { FALSE, TRUE } boolean;
typedef char* String;
String s[] = { "石头", "剪子", "布"};
boolean is_legal(Guess n);
Guess input();

void main()
{
    Guess you;                          /*你的选择*/
    Guess computer;                     /*计算机的选择*/
    you = input();                      /*通过输入选择*/
    computer=(Guess)(clock()%3);        /*从程序启动到此刻所经过的毫秒数除 3 的余数*/
    printf("您:%s\n", s[you]);          /*显示你的选择*/
    printf("计算机:%s\n", s[computer]); /*显示计算机的选择*/

    /*比较输赢*/
    if((you==STONE && computer==SHEARS)
      ||(you==SHEARS && computer==CLOTH)
      ||(you==CLOTH && computer==STONE))
        printf("您赢了");
    else if(you == computer)
```

```
        printf("您与计算机打成平手");
    else
        printf("你输了");
    
    qetch();
}

Guess input()
{
    Guess r;
    do
    {
        printf("请选择:\n0.石头 1.剪子  2.布:");
        scanf("%d", &r);
        flushall();                        /*清空键盘缓冲区,以防输入非数字字符*/
    } while(!is_legal(r));                 /*如果输入的不是0、1或2,则重新输入*/
    return r;
}

boolean is_legal(Guess n)
{
    if(n>=0 && n<=2)
        return TRUE;
    else
    {
        printf("\n选择的序号不能超出0~2的范围,请重新输入:\n");
        return FALSE;
    }
}
```

程序运行结果(斜粗体表示用户输入的文字)为:

请选择:
0.石头 1.剪子 2.布:**3**

选择的序号不能超出0~2的范围,请重新输入:
请选择:
0.石头 1.剪子 2.布:**s**

选择的序号不能超出0~2的范围,请重新输入:
请选择:
0.石头 1.剪子 2.布:**1**
您:剪子
计算机:布
您赢了

9.5 共 用 体

对于结构体，是它的几个成员的存储单元合在一起组成一个大的存储单元，而对于共用体，是几个成员的存储单元共用同一个存储单元，又称为联合体。

创建共用体的一般形式为：

```
union 共用体名
{
    成员表列;
};
```

例如：

```
union data
{
    int i;
    char c;
    float f;
};
```

定义了一个共用体类型 union data，再用这个类型定义一个变量 n：

union data n;

则在 Turbo C 3.0 下，变量 n 的字节数不是 2+1+4，而是 4，也就是说，不是 n.i 的字节数+n.c 的字节数+n.f 的字节数，而是 n 的三个成员中字节数最多的成员 n.f 的字节数。这样一来，当执行 n.i=12;时，是把 12 存储到 n 的第 0 字节和第 1 字节里，第 2 字节和第 3 字节是空余不用。当再执行 n.c='A';时，前面执行过的 n.i=12;的操作结果就无效了，'A'就被存储到了 n 的第 0 个字节中。当再执行 n.f=3.14;时，前面执行的 n.c='A';的操作的结果就无效了。也就是说，共用体变量所占的内存长度是其最长的成员的长度，共用体中起作用的成员是最后一次存放的成员。

共用体类型多用于与底层有关的操作。例如：

```
union fourbyte
{
    long n;
    char b[4];
};
```

这时，可以用 b[0]、b[1]、b[2]和 b[3]分别表示 n 的 4 个字节。

共用体类型对于一般情况下的编程并不是很常用。在新兴的流行的面向对象的编程语言里(如 Java)没有这一意义的语法概念。所以在这里对于共用体类型，就不举过多的例子，也不作过多的讲解了。

9.6　程序综合举例

【例9.34】对9.3.2小节中建立考生成绩链表的各项操作，编制主函数进行综合应用。
代码如下：

```c
#include "stdio.h"
#include "stdlib.h"
#include "math.h"
#define LEN sizeof(struct node)
struct node
{
    int num;
    char name[8];
    float score;
    struct node *next;
};

struct node *head;               /* 定义全局变量 head */

void main()
{
    int n;
    struct node *p;
    struct node* create_node(void);
    void create_list(struct node *p);
    void visit_list(struct node *head);
    void delete(int i);
    void insert(int i);
    head = NULL;
    do {
        p = create_node();
        if(p->num > 0)
        create_list(p);
    } while(p->num > 0);
    visit_list(head);

    printf("请输入要删除的结点序号:");
    scanf("%d", &n);
    delete(n-1);
    visit_list(head);

    printf("请输入要插入的结点序号:");
    scanf("%d", &n);
    insert(n-1);
    visit_list(head);
```

```c
    getch();
}

struct node* create_node(void)
{
    struct node *t;
    t = (struct node*)malloc(LEN);
    if(t != NULL)
    {
        printf("请输入考生号:");
        scanf("%d", &t->num);
        printf("请输入考生姓名: ");
        scanf("%s", t->name);
        printf("请输入考生成绩: ");
        t->score = sin(0.0);
        scanf("%f", &t->score);
    }
    return(t);
}

void create_list(struct node *p)
{
    if(p != NULL)
    {
        p->next = head;
        head = p;
    }
}

void visit_list(struct node *head)
{
    struct node *p;
    p = head;
    printf("考生号    考生姓名    考生成绩\n");
    while(p != NULL)
    {
        printf("%5d    %8s    %6.2f\n", p->num, p->name, p->score);
        p = p->next;
    }
}

void insert(int i)
{
    int k;
    struct node *p, *q;
    p = create_node();
```

```c
            if(i == 1)
            {
                p->next = head;
                head = p;
            }
            else
            {
                q = head;
                for(k=1; (k<=i-1)&&(q!=NULL); k++)
                    q = q->next;
                if(q != NULL)
                {
                    p->next = q->next;
                    q->next = p;
                }
                else
                    printf("i 值太大, 已超出链表的长度! ");
            }
    }


    void delete(int i)
    {
        int k;
        struct node *q, *p;
        if(head == NULL)
            printf("该链表为空表, 不能删除! ");
        else
            if(i == 1)
            {
                p = head;
                head = head->next;
                free(p);
            }
            else
            {
                q = head;
                for(k=1; (k<=i-1)&&(q!=NULL); k++)
                    q = q->next;
                if(q != NULL)
                {
                    p = q->next;
                    q->next = p->next;
                    free(p);
                }
                else printf("i 值太大, 删除结点在链表中不存在! ");
            }
    }
```

9.7 上机实训

1. 实训目的

(1) 掌握结构体类型变量与数组的定义和使用。
(2) 学会使用结构体指针变量和结构体指针数组。
(3) 掌握联合体类型变量的定义和使用。
(4) 掌握枚举类型变量的定义和使用。
(5) 掌握链表的基本概念。

2. 实训内容

(1) 设有 N 名考生,每个考生的数据包括考生号、姓名、性别和成绩。编一程序,要求用指针方法找出女性考生中成绩最高的考生,并输出。

(2) 建立一链表,每个结点包含职工号、姓名、电话、应发工资、扣款、实发工资和指针。要求编程完成以下功能。

① 从键盘输入各结点的数据,按职工号的顺序建立链表,然后输出各结点的数据。
② 插入一个职工的结点数据,按职工号的顺序插入到链表中去。
③ 从上述链表中删除一个指定职工号的结点。

3. 实训报告

(1) 提交源程序文件、目标文件和可执行文件。
(2) 提交书面实训报告:报告包括原题、流程图、源程序清单及实验收获(如上机调试过程中遇到什么问题及其解决方法)和总结等。

习 题

一、单项选择题

(1) 当说明一个结构体变量时,系统分配给它的内存空间是(　　)。
 A. 各成员所需内存量的总和
 B. 结构中第一个成员所需内存量
 C. 成员中占内存量最大者所需的容量
 D. 结构中最后一个成员所需内存量

(2) 设有以下说明语句:
```
struct stu
{
    int a;
    float b;
```

} stutype;

则下面的叙述不正确的是( )。
A. struct 是结构体类型的关键字
B. struct stu 是用户定义的结构体类型
C. stutype 是用户定义的结构体类型名
D. a 和 b 都是结构体成员名

(3) C 语言结构体类型变量在程序执行期间( )。
A. 所有成员一直驻留在内存中　　B. 只有一个成员驻留在内存中
C. 部分成员驻留在内存中　　　　D. 没有成员驻留在内存中

(4) 设有 100 个学生的考试成绩数据表如表 9.2 所示。

表 9.2　学生成绩表

学号 no	姓名 name	成绩 score
整型	字符数组	实型

在下面结构体数组的定义中，不正确的是( )。

```
A. struct student              B. struct student
   { int no;                      {
     char name[10];                 int no;
     float score;                   char name[10] ;
   };                               float score;
   struct student stud[100];     } stud[100];

C. struct stud[100]            D. struct
   { int no;                      { int no;
     char name[10];                 char name[10];
     float score;                   float score;
   };                             } stud[100];
```

(5) 已知学生记录描述为：

```
struct student
{
    int no;
    char name[20];
    char sex;
    struct
    {
        int year;
        int month;
        int day;
    } birth;
};
```

```
struct student s;
```

设变量 s 中的"生日"是"1984 年 11 月 11 日",则下列正确的赋值方式是(　　)。

A. year=1984;
   month=11;
   day=11;

B. birth.year=1984;
   birth.month=11;
   birth.day=11;

C. s.year=1984;
   s.month=11;
   s.day=11;

D. birth.year=1984;
   s.birth.month=11;
   s.birth.day=11;

(6) 在 16 位的计算机上使用 C 语言,若有如下定义:

```
struct  data
{
    int  i;
    char ch;
    double  f;
} b;
```

则结构体变量 b 占用内存空间的字节数是(　　)。

A. 1   B. 2   C. 8   D. 11

(7) 下面程序的运行结果是(　　)。

```
void main()
{
    struct cmplx
    {
        int x;
        int y;
    } cnum[2] = {1, 3, 2, 7};
    printf("%d\n", cnum[0].y/num[0].x*cnum[1].x);
}
```

A. 0   B. 1   C. 3   D. 6

(8) 若有以下定义和语句:

```
struct student
{
    int num;
    int age;
}
struct student stu[3] = {{1001,20}, {1002,19}, {1003,21}};
void main()
{
    struct student *p;
    p = stu;
    ...
}
```

则以下不正确的引用是( )。

A. (p++)->num B. p++
C. (*p).num D. p=&stu.age

(9) 若有以下结构变量：

```
struct
{
    int a;
    char c;
    float b;
} x, *p;
p = &x;
```

则对成员 a 正确的引用是( )。

A. p.x.a B. p->x.a
C. (*p).x.a D. (*p).a

(10) 以下程序的输出结果是( )。

```
struct node
{
    int x;
    int *y;
} *p;
int dt[4] = { 10, 20, 30, 40 };
struct node a[4] = {50, &dt[0], 60, &dt[1], 70, &dt[2], 80, &dt[3]};
void main()
{
    p = a;
    printf("%d,", ++p->x);
    printf("%d,", (++p)->x);
    printf("%d\n", ++(*p->y));
}
```

A. 10，20，20 B. 50，60，21
C. 51，60，21 D. 60，70，31

(11) 当说明一个联合体变量时，系统分配给它的内存空间是( )。

A. 所有成员所需内存量的总和
B. 占用最大存储空间的成员变量所需的存储空间
C. 占用最小存储空间的成员变量所需的存储空间
D. 第一成员变量所需存储空间

(12) 以下对 C 语言中联合体类型数据的叙述正确的是( )。

A. 可以对联合体变量名直接赋值
B. 一个联合体变量中可以同时存放其所有成员
C. 一个联合体变量中不能同时存放其所有成员
D. 联合体类型定义中不能出现结构体类型的成员

(13) 若有以下定义和语句:

```
union data
{
    int i;
    char c;
    float f;
} a;
int n;
```

则以下语句正确的是(　　)。

A. `a=5;`　　　　　　　　　　B. `a={2, 'a', 1.2};`
C. `printf("%d\n", a);`　　　D. `n=a;`

(14) C语言联合体类型变量在程序运行期间(　　)。

A. 所有成员一直驻留在内存中　　B. 只有一个成员驻留在内存中
C. 部分成员驻留在内存中　　　　D. 没有成员驻留在内存中

(15) 设有一联合体变量定义如下:

```
union data
{
    long w;
    float x;
    int y;
    char z;
} beta;
```

执行下面的赋值语句后，正确的联合体变量 beta 的值是(　　)。

```
beta.w = 123456L;
beta.y = 888;
beta.x = 3.1416;
beta.z = '*';
```

A. 123456　　　B. 888　　　C. 3.1416　　　D. '*'

(16) 设有如下枚举类型定义:

`enum color { red=3, yellow, blue=10, white, black };`

其中枚举常量 black 的序号值是(　　)。

A. 7　　　　　B. 15　　　　C. 12　　　　D. 14

(17) 设定义星期的枚举类型变量如下:

```
enum workday { mon, tue, wed, thu, fri };
enum workday date1, date2;
```

则下面错误的赋值语句是(　　)。

A. `date1=sun;`　B. `date2=mon;`　C. `date1=date2;`　D. `date1=fri;`

二、程序填空题

(1) 以下程序用于在结构体数组中查找分数最高和最低的同学姓名和成绩。请在程序的空白处填入适当的内容。

```
#include <stdio.h>
void main()
{
    int max, min, i, j;
    static struct
    {
        char name[8];
        int score;
    } stud[5] = {"李萍", 92, "王兵", 72, "白洋", 83, "许虎", 88, "陶金", 95};
    max = min = 0;
    for(i=1; i<5; i++)
        if(stud[i].score > stud[max].score) _____;
        else (stud[i].score < stud[min].score) _____;
    printf("最高分:%s,%d\n", _____);
    printf("最低分:%s,%d\n", _____);
}
```

(2) 以下程序的功能是，读入一行字符(如 A，B，…，Y，Z)，按输入时的逆序建立一个链接式的结点序列，即先输入的位于链表层，然后再按输入的相反顺序输出，并释放全部结点。请完成下列程序。

```
#include <stdio.h>
#include <alloc.h>
#define getnode(type) _____malloc(sizeof(type))
void main()
{
    struct node
    {
        char info;
        struct node *link;
    } *head, *p;
    char c;
    head = NULL;
    while((c=getchar())_____)
    {
        p = getnode(struct node);
        p->info = c;
        p->link = head;
        head = p;
    }
    while(head)
    {
```

```
            _____;
            head = head->link;
            putchar(p->info);
            free(p);
        }
    }
```

(3) 以下程序的功能是计算并打印复数的差。请在空白处填入正确内容。

```
struct comp
{
    float re;
    float im;
};
struct comp* m(x, y);
struct comp *x, *y;
{
    _____;
    z = (struct comp*)malloc(sizeof(struct comp));
    z->re = x->re-y->re;
    z->im = x->mi-y->im;
    return (_____);
}
void main()
{
    struct comp *t;
    struct comp a, b;
    a.re=6; a.im=3;
    b.re=4; b.im=5;
    t = _____;
    printf("z.re=%f,z.im=%f\n", t->re, t->im);
}
```

三、阅读下列程序并写出运行结果

(1) 写出下列程序的执行结果：

```
struct tree
{
    int x;
    char *s;
} t;
void func(struct tree t)
{
    t.x = 10;
    t.s = "computer";
}
main()
{
```

```
        t.x = 1;
        t.s = "This is a C.";
        func(t);
        printf("%d,%s \n", t.x, t.s);
    }
```

(2) 写出下列程序的运行结果:

```
#include <stdio.h>
void main()
{
    struct student
    {
        char name[10];
        float k1;
        float k2;
        float k3;
    } a[2] = {{"zhang",100,70,90}, {"wang",70,80,90}}, *pa=a;
    printf("\n name:%s=%f ", pa->name, pa->k1+pa->k2+pa->k3);
    printf("\n name:%s=%f ", a[1].name, a[1].k1+a[1].k2+a[1].k3);
}
```

(3) 分析下面程序的运行结果:

```
#include "stdio.h"
void main()
{
    union
    {
        int a[2];
        long b;
        char c[4];
    } s;
    s.a[0] = 0x39;
    s.a[1] = 0x38;
    printf("%lx\n", s.b);
    printf("%c\n", s.c[0]);
}
```

(4) 写出以下程序的运行结果:

```
#include "stdio.h"
union pw
{
    int i;
    char ch[2];
} a;
main()
{
```

```
        a.ch[0] = 13;
        a.ch[1] = 0;
        printf("%d\n", a.i);
}
```

(5) 写出下列程序的输出结果:

```
enum coin { penny, nickel, dime, quarter, half_dollar, dollar };
char *name[] =
    { "penny", "nickel", "dime", "quarter", "half_dollar", "dollar" };
void main()
{
    enum coin money1, money2;
    money1 = dime;
    money2 = dollar;
    printf("%d %d\n", money1, money2);
    printf("%s %s\n", name[(int)money], name[(int)money2]);
}
```

四、编程题

(1) 利用结构体类型编制一程序,实现输入 3 个学生的学号、姓名及 C 语言课程期中和期末的成绩,然后计算并输出其平均成绩。

(2) 有 n 个学生,每个学生的数据包括学号、姓名、3 门课的成绩,从键盘输入 n 个学生数据,要求打印出 3 门课的平均成绩,以及最高分的学生的数据(包括学号、姓名、3 门课成绩、平均分数)。

(3) 已有 a、b 两个链表,每个链表中的结点包括学号、成绩。要求把两个链表合并,按学号升序排列。

(4) 将一个链表按逆序排列,即将链头当链尾,链尾当链头。

(5) 请定义枚举类型 money,用枚举元素代表人民币的面值。包括 1、2、5 分;1、2、5 角;1、2、5、10、50、100 元。

(6) 创建枚举类型 enum color 表示 7 种颜色值。

(7) 定义 Date 型结构体变量,表示一个日期(包括年、月、日)。计算并输出该日是哪一年的第几天。

(8) 为本章的链表程序添加新功能:对链表中相同值的结点,只保留一份,即剔除重复的值。

第 10 章 文　　件

【本章要点】

文件在计算机领域中是一个重要的概念，其实质是存储在计算机外存上的一组相关信息的集合。文件的名字是唯一的，并且作为其本身的操作标志。与任何程序设计语言一样，C 语言也提供了强大的机制来支持对文件的各类操作。本章内容围绕着二进制文件与文本文件的操作而展开，具体阐述相关的基本操作方法，并对文件的读出与写入，以及文件的错误检测等做初步的介绍。

10.1 文件的基本概念

10.1.1 文件

文件(File)作为计算机领域中一个重要的概念，指的是存放在外部介质(如计算机硬盘、软盘、光盘、优盘等)上的一组完整信息的集合。这些数据可能为各国的文字，也可能为图形、图像、电影、音乐、电子小说，甚至包括病毒程序。计算机操作系统对数据信息的组织管理，就是通过文件这一基本单位来实现的。

10.1.2 文件名称

如同每个人都必须有一个名字，便于他在社会上与其他人交往一样，文件也必须通过它的唯一名称来标识自身，向外界提供识别自己的手段，从而让使用者能够选取正确的方法使用文件。因此文件名称是引用文件的唯一的标识符。一般来说，文件名称主要包括以下三个必需的要素。

- 文件路径：是指文件在外部存储器设置中的位置，路径一般以分隔符"\"来体现存储位置的嵌套层次，如 D:\Program\TC\Example。
- 文件主名：这是文件名称的主要部分，其命名规则遵循一般标识符的命名规则，长度原则上不加限制，但一般前 8 个字符有效；主名最好是一个能够反映出文件意义或作用的词汇或短语。
- 文件扩展名(或称文件后缀)：是出现在文件主名之后，以英文句点"."符号引导的特殊要素。扩展名用来反映文件的类型或性质，"."符号后的字符个数一般不超过三个(但也有例外，如 Java 源程序文件的扩展名为.java)。文件扩展名通常不鼓励用户自己随便定义，最好使用规范的扩展名。

表 10.1 是常用的一些文件扩展名及对应的文件类型。

表 10.1 常用的文件扩展名

文件扩展名	文件的性质或类型
.c	C 语言源程序文件
.cpp	Turbo C 3.0 语言源程序文件
.bas	Basic 语言源程序文件
.txt	纯文本文件
.dat	数据文件
.doc	Word 文件
.mdb	Access 数据库文件
.exe	可执行的程序文件
.com	可执行的命令文件
.bmp	位图图形文件
.jpg	压缩格式的图形文件
.avi	微软公司开发的视频格式文件
.mp3	压缩的音乐文件

下面举几个文件名的例子(含路径)。

- C:\MyFile\flower.bmp：一个 BMP 格式的图形文件。
- G:\Movie\哈利波特.avi：一部 AVI 格式的电影文件。
- H:\Music\挥着翅膀的女孩.mp3：一首 MP3 格式的音乐文件。

10.1.3 两种重要的文件类型

C 语言将文件看作一个数据流的序列，即 C 语言文件是由一个接一个的顺序排列的字符串组成的。根据文件中数据的表现形式与组织方式，一般将文件分为两种类型：文本文件与二进制文件。

(1) 文本文件(Text File)是扩展名为.txt 的文件(一般来说各类编程语言的源码文件均为文本文件)，也称为 ASCII 文件。这类文件每一个字节存储一个 ASCII 码形式表示的字符；文件由多行组成，每一行由若干个 ASCII 码字符与换行符组成。文本文件是可直接阅读的，使用 Word 或 Windows 的记事本打开即可看到文件的内容。

(2) 二进制文件(Binary File)将文件中的数据按照它的二进制编码的形式存储。由于这类文件内容是二进制编码，因而它无法直接使用记事本或 Word 打开阅读。

一般的可执行程序都为二进制文件，如扩展名为.exe 或.com 的文件即为二进制文件。

现有一个整型数据 123，该十进制数对应的二进制编码为"01111011"，只需一个字节就能表达它；如果将它存放在二进制文件中，则该数只占有一个字节的长度。如果将此数存放于文本文件中，则先要将此数转化为三个字符('1'、'2'与'3')的 ASCII 码(49、50 和 51)，每个字符的 ASCII 码占有一个字节的长度，而且每个 ASCII 码存储时，还是以二进制的数据保存。

整数 123 在二进制文件和文本文件中的表达形式分别如图 10.1 和图 10.2 所示。

| 01111011 |

| 00110001 | 00110010 | 00110011 |

图 10.1　123 在二进制文件中的存放形式　　　图 10.2　123 在文本文件中的存放形式

文本文件与二进制文件各有优缺点，下面是它们的特征比较。

- 文本文件的优点：文本文件中的数据是以数据的每个字符的 ASCII 码形式表示的，一个字节代表一个字符，在对字符逐一处理以及将字符输出的操作中，没有涉及编码的转换，所以非常方便。
- 文本文件的缺点：文本文件中一个字节代表一个字符，因此这类文件占用的存储空间较多；同时，在读写过程中还需要在二进制形式与 ASCII 码格式之间进行转换，具有一定的时间耗费。所以，文本文件访问的时空效率不高。
- 二进制文件的优点：二进制文件中的数据与数据在内存中的表示形式一致，至于数据单元占有字节的数量，完全与数据单元的类型和操作系统有关。如通常情况下，一个字符在二进制文件中占有一个字节的长度，而一个浮点类型的数字则可能占有四个字节的长度。所以二进制文件在存储数据时非常紧凑，占用存储空间较少；在读写时不需进行转换，具有较高的时空效率。
- 二进制文件的缺点：二进制文件中每个字节的内容并不表示一个 ASCII 码字符，因此这类文件无法直接以字符形式输出，必须要经过一个转换过程。

10.1.4　文件的缓冲机制

　　C 语言采用"文件缓冲机制"来处理文件的访问。具体地讲，当程序读取文件内容时，系统先将外部文件中的一批批的数据放入一个文件缓冲区内，当文件缓冲区中的数据达到一定数量后，才一次性地将这些数据输入到程序的数据区；反过来，当程序向文件写入数据时，文件缓冲机制也是先将数据写入到文件缓冲区中，当数据写完或缓冲区写满时，才会一次性地将这些数据写入到文件所在的外部设备中。

　　文件缓冲机制的核心是一个称为"文件缓冲区"的内存区域。所谓文件缓冲区，是指计算机系统为要处理的文件在内存中单独开辟出来的一个存储区间，在读写该文件时，作为数据交换的临时"存储中转站"。该中转站的作用就是在内存与外存之间进行批量数据的处理，而不是零零星星地交换数据。这如同我们日常处理垃圾，我们不会直接将每一时刻产生的生活垃圾立即送到垃圾处理场，而是将它们一点点地放入家里的垃圾桶，等垃圾桶放满后，才一次性地将桶中的垃圾倒到垃圾场；与此类似，垃圾桶在此就相当于文件缓冲区。文件缓冲机制的原理如图 10.3 所示。

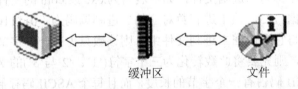

图 10.3　文件缓冲机制的原理

引入文件缓冲机制的好处就是：能够有效地减少对外部设备(如磁盘、打印机等)的频繁访问，减少内存与外设间的数据交换，添补内、外设备的速度差异，提高数据读写的效率。

文件缓冲区的大小与 C 语言的实现版本有关，但一般都要设定为 256 的倍数。如 Turbo C 系统将它的文件缓冲区的默认大小设定为 512 个字节。

10.1.5 FILE 指针

遵循 ANSI C 标准的 C 语言系统对文件的操作要通过一个指向"FILE 类型"的指针来实现，我们称这种指针为"文件指针"。FILE 类型是 C 语言系统定义的一种标准类型，它实质上是一个结构体。该结构体中定义了一组域，用来保存与文件相关的重要信息。不同的 C 语言系统对"FILE 类型"的描述会略有不同，但基本信息是一致的。

下面列出了 Turbo C 系统对 FILE 类型的定义(该定义可从 Turbo C 的头文件 stdio.h 中找到)：

```
typedef struct {
        short            level;      /* fill/empty level of buffer */
        unsigned         flags;      /* File status flags */
        char             fd;         /* File descriptor*/
        unsigned char    hold;       /* Ungetc char if no buffer */
        short            bsize;      /* Buffer size */
        unsigned char    *buffer;    /* Data transfer buffer */
        unsigned char    *curp;      /* Current active pointer */
        unsigned         istemp;     /* Temporary file indicator */
        short            token;      /* Used for validity checking */
} FILE;                              /* This is the FILE object */
```

下面给出 FILE 结构体中各个域的意义。
- level：表明文件缓冲区的状态是满还是空。
- flags：为文件状态标志符。
- fd：为文件描述符。
- hold：表明如果没有文件缓冲区则不能获得字符。
- bsize：表明文件缓冲区的尺寸。
- buffer：指向数据交换缓冲区的指针。
- curp：文件的当前活动指针。
- istemp：表明文件是否是临时文件；
- token：用于文件合法性检查。

因此，使用文件操作的程序，必须明确指明包含"头文件"stdio.h，即程序的开始要写上：

```
include "stdio.h"
```

对文件的操作一般不采用直接定义 FILE 类型变量的方式来实现，而是通过定义一个指向 FILE 类型的指针变量，并引用该指针变量，来实现对文件的常规操作。这一指针变量被称为文件指针，指针指向的结构体对象称为该文件的信息结构体。

一个文件必须定义一个文件指针；而多个文件在操作时，也必须分别为每一个文件都定义一个唯一与之对应的文件指针。

例如通过语句 FILE *myFile;可以定义一个名为 myFile 的文件指针。

10.1.6　文件位置指针

C 语言系统为每一个文件都设置了一个位置指针(Indicator)，来提示文件的当前访问位置。该位置指针对于用户是透明的，即用户看不到它，但可以通过 C 语言提供的函数来控制指针的移动。

文件一旦打开，其位置指针自动指向文件的开始位置。此后，每读取一个单元的内容，文件位置指针自动顺序地向后移动一定的偏移量，该偏移量的字节数由所读取单元的数据类型决定；如果读取文本文件，则偏移量为一个字节；如果读取二进制文件的一个 float 类型的数据，则偏移量为 4 个字节。一旦读到文件的结尾，则文件的位置指针指向一个特殊的位置——EOF。

当对一个文件进行顺序写操作时，每次总会将数据写入到文件位置指针所指向的位置，写完后，文件位置指针自动向后移动到一个新的位置，等待下一次的写入操作。

有时可以将文件位置指针移动到希望操作的位置，操作完后再将它移动到另一个新的位置。这种方式就是对文件进行随机的读写访问。

10.1.7　文件结束符

当文件位置指针移动到文件的最后一个字节时，C 语言系统会返回文件的结束标识符 EOF。EOF 是一个系统常量，其值被定义为-1，是在头文件 stdio.h 中被定义的。

EOF 在 stdio.h 中的定义如下：

```
/* End-of-file constant definition */
#define EOF (-1)  /* End of file indicator */
```

文本文件中可以用一个特殊的码值——0x1A 表示文件的结束符，该码也可以使用键盘上的一对组合键——Ctrl+C(简记为^z)或功能键 F6 来插入。

下面举例说明如何用 DOS 命令建立一个带有^z 文件结束符的文本文件 test.txt。test.txt 的内容只有一行"I am a brave boy!"的文字。

(1) 首先进入 DOS 命令提示行。
(2) 然后在 DOS 提示符下输入命令"copy con test.txt"，并按 Enter 键。
(3) 输入以下字符串"I am a brave boy!"。
(4) 按功能键 F6 或用 Ctrl+C 组合键，输入文件结束符"^Z"，并按 Enter 键。
(5) 系统出现"已复制 1 个文件"的提示，并回到 DOS 命令行状态。

此时，已经生成了一个名为 test.txt 的文本文件。可用 DOS 命令"type test.txt"来查看该文件的内容。

10.1.8 访问文件

操作文件也称为访问文件(Access File)。访问文件主要包括以下四类操作。
- 为要打开的文件准备相应的控制信息结构体与文件缓冲区,并在结构体与文件之间、缓冲区与文件之间建立起关联,这一操作称为打开文件操作(Open File)。
- 将外部存储介质中文件存储的信息读取出来放在计算机内存中,称为读取文件操作(Read File)。
- 将外界的信息存放到文件中去,称为写入文件操作(Write File)。
- 将放于内存中的文件数据写回该文件,并释放文件占用的内存空间,切断文件与内存相应数据区域的关联,称为关闭文件操作(Close File)。

文件的四类主要操作间的关系如图 10.4 所示。

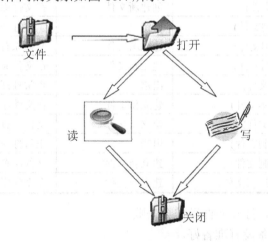

图 10.4 文件的四类主要操作间的关系

10.2 文件的打开与关闭

10.2.1 打开文件函数 fopen()

操作文件的第一步为打开文件,打开文件需要使用 fopen()函数,函数的调用格式为:

```
fopen(文件名,文件使用方式);
```

fopen 函数的返回值为一个指向 FILE 类型的指针,该指针指向被打开文件的信息结构体。文件的后续操作都是通过这一指针来完成,因而在调用 fopen()函数时,应该将函数的返回值记录在一个指针变量中。

因此打开文件更常用的方式为:

```
FILE *fp;
fp = fopen(文件名,文件使用方式);
```

其中文件名通常为一个包含访问路径的文件名字符串,文件名字符串中的分隔符"\"要使用它在 C 语法中的转义符号"\\",如"C:\\Example\\myFile.txt"即为一个正确的文件名。

文件的使用方式是系统规定的符号常量,表明了文件的访问方式。表 10.2 列出了这些使用方式。

表 10.2 文件的使用方式列表

使用方式	处理方式	打开文件不存在时	打开文件存在时
r	只读(文本文件)	出错	正常打开
w	只写(文本文件)	创建新文件	文件原内容丢失
a	追加(文本文件)	创建新文件	在文件原有内容后面追加
rb	只读(二进制文件)	出错	正常打开
wb	只写(二进制文件)	建立新文件	文件原有内容丢失
ab	追加(二进制文件)	建立新文件	在文件原有内容后面追加
r+	读/写(文本文件)	出错	正常打开
a+	读/追加(文本文件)	建立新文件	在文件原有内容后面追加
w+	写/读(文本文件)	建立新文件	文件原有内容丢失
rb+	读/写(二进制文件)	出错	正常打开
wb+	写/读(二进制文件)	建立新文件	文件原有内容丢失
ab+	读/追加(二进制文件)	建立新文件	在文件原有内容后面追加

但发生以下情况时,打开文件操作会失败。
- 文件所在的设备没有准备好。
- 给定的路径上没有指定的文件。
- 文件名拼写错误。
- 试图以不正确的使用方式打开某个文件。

当打开文件操作出错时,函数 fopen()会返回一个不指向任何对象的 NULL 值。编程中经常检测函数 fopen()是否返回 NULL 值来判断打开文件操作是否成功。

【例 10.1】下面的程序试着打开一个用于只读的文本文件,并检测打开是否成功:

```
#include <stdio.h>
void main()
{
    FILE *fp;
    fp = fopen("c:\\Example\\myFile.txt", "r");
    if (fp == NULL)
    {
        printf("Failure to Open the Specified File!\n");
        exit(0);
```

        }
    }

该程序中，如果文件打开成功，fp 就指向 myFile.txt 文件，否则 fp 的值为 NULL。当文件打开失败时，程序输出相应的错误信息提示，并退出系统。

10.2.2 关闭文件函数 fclose()

文件操作结束前，需要关闭文件。执行关闭文件操作时，系统会对文件缓冲区中的数据进行分析，如果这些数据已经修改或更新，系统会自动将这些变动的数据存储到外部设备的文件中去，以使文件的内容与文件缓冲区中的内容一致。当系统将缓冲区中的数据写入文件后，还要释放文件指针指向的存放文件信息结构体的内存资源。

使用文件之后如果忘记关闭此文件，可能会引发数据的丢失，因此在终止程序之前，要保证关闭所有已经打开的文件。

关闭文件使用 fclose()函数。函数的调用格式如下：

```
fclose(文件指针);
```

其中的"文件指针"参数，就是保存打开文件操作时 fopen 函数返回值的 FILE 指针变量。

10.3 文件的顺序读写

打开文件后我们就可以对它进行读写操作了。读写文件的方式是借助于 C 语言系统提供的多种函数来完成。我们将文件读写函数分为两类来介绍，这两类分别是顺序读写函数与随机读写函数。

顺序读写文件是指对文件的访问次序要按照数据在文件中的实际存放次序来进行，而不允许文件位置指针以跳跃的方式来读取数据或插入到任意位置写入数据。因此顺序访问的文件结构类似于"数据结构"课程中介绍的队列或堆栈。当顺序读取文件时，文件数据相当于队列，只有排在前面的数据被读完(相当于出队)后，才能读取后面的数据。当对文件顺序写入时，文件数据相当于堆栈，只能用追加的方式写入(入栈)，而不允许用插入的方式写入。根据文件顺序读写的信息规模，可将顺序读写文件的函数分为四类：①一次操作一个字符的读写函数；②一次操作一个字符串的读写函数；③以格式化控制方式一次操作多个类型数据对象的读写函数；④以数据块为操作对象的读写函数。

下面分专题对这四类函数进行介绍。

10.3.1 字符读写函数

1. 读取文件中一个字符的函数 fgetc()

fgetc()函数实现从一个指定的文件中读取一个字符数据的功能。

fgetc()函数的原型定义为：

```
char fgetc(FILE *fp);
```

其调用方式为：

```
FILE *fp;
char c;
c = fgetc(fp);
```

fgetc()函数返回读取的字符。如果文件位置指针移到了文件结尾，则返回 EOF(EOF 是 stdio.h 文件中定义的符号常量，其值为-1)。EOF 判断文件是否结束，只适用于文本文件，而不适用于二进制文件。对于二进制文件，可以使用另一种判断文件是否结束的方法，即直接使用 feof()函数，如果函数 feof()的返回值为 1，则表明文件位置指针已经到达文件的结束位置；否则返回值为 0，则表明文件还未结束。函数 feof()的判断方法对于文本文件也是非常有效的。

2. 写入一个字符到文件的函数 fputc()

fputc()函数实现将一个字符数据写入指定的文件中去的功能。fputc()函数的原型定义为：

```
char fputc(char c, FILE *fp);
```

其调用方式为：

```
FILE *fp;
char c;
fputc(c, fp);
```

fputc()函数具有返回值，若向文件输出字符成功，则返回输出的字符；如果输出失败，则返回一个 EOF。

3. 应用实例

【例 10.2】打开一个由键盘输入名字的文本文件，并为它写入一些用户输入的字。具体代码如下：

```c
#include "stdio.h"
#include "stdlib.h"
void main()
{
    FILE *fp;
    char ch, filename[10];
    printf("Please input the file name:");    /*输出提示信息*/
    scanf("%s", filename);                     /*输入要打开的文件名*/
    if((fp=fopen(filename,"w")) == NULL)       /*打开文件操作失败*/
    {
        printf("cannot open file\n");
        exit(0);                               /*终止程序*/
```

```
        }
        ch = getchar();              /*此语句用来接收在执行 scanf 语句时最后输入的回车符*/
        printf("Please input data('#'to stop input):\n");    /*输出提示信息*/
        ch = getchar();              /*接收第一个有效字符*/
        while(ch != '#')
        {
            fputc(ch, fp);           /*输出到文件*/
            putchar(ch);             /*将字符显示到屏幕*/
            ch = getchar();
        }
        putchar(10);                 /*向屏幕输出一个换行符*/
        fclose(fp);                  /*关闭文件*/
        getch();
    }
```

程序的运行结果如图 10.5 所示。

图 10.5　例 10.2 的运行结果

由此例可以看出：在对文件进行操作的时候总要先将文件打开，判定文件打开是否成功。只有打开文件之后，才能对它进行各类操作。

本例在运行时，从键盘输入磁盘的文件名，然后输入要写入文件的字符，#是文件结束的标志。程序将输入的字符显示在屏幕上，同时还要将它们写入磁盘文件中。

程序中的 exit()是标准 C 的库函数，其功能为终止程序。使用 exit()函数，需要在程序开始引入 stdlib.h 头文件。

10.3.2　字符串读写函数

1. 从文件中读取一个字符串的函数 fgets()

fgets()函数实现从一个文件指针指定的文件中读取指定长度字符串的功能。
fgets()函数的原型定义为：

```
char* fgets(char *str, int n, FILE *fp);
```

其中参数 str 为字符数组，用来存放文件中读取来的字符串；参数 n 则指定要获取字符串的长度。实际上 fgets()函数最多只能从文件中获取 n-1 个字符，但在读取字符串的最后位置的后面，系统将自动添加一个'\0'字符。

若函数在读取 n-1 个字符之前遇到了换行符'\n'或文件结束符 EOF，则系统会中止读入，并将遇到的换行符也作为有效的读入字符。

fgets()函数在执行成功以后，会将字符数组 str 的地址作为返回值，如果读取数据失败或一开始读就遇到了文件结束符，则返回一个 NULL 值。

2. 写入一个字符串到文件的函数 fputs()

fputs()函数实现将字符串写入到指定的文件中去的功能。fputs()函数的原型定义为：

```
int fputs(char *str, FILE *fp);
```

fputs()函数具有整型的返回值，当向文件输出字符串操作成功时，则返回 0 值，如果输出失败，返回一个 EOF(即-1)。

> **注意**：fputs()函数并不将字符串 str 尾部的结束符'\0'写入文件，为使每次写入的字符串在文件中作为独立的一行，需要在每输出一个字符串后，用 fputs("\n", fp)语句为这一字符串添加一个换行符；否则，连续输出的多个字符串之间会因缺乏分隔的符号而成为一个整体，这样在今后读取数据时就无法将这些字符串有效地区分开来。

3. 应用实例

【例 10.3】 用字符串读函数实现对文本文件内容的读取，并将行号和每行的数据显示到屏幕上。文件名采用从键盘输入的方式提供。代码如下：

```c
#include "stdio.h"
void main()
{
    char buffer[256], fname[20];        /* 定义数据缓冲区与文件名变量 */
    FILE *fp;
    int lineNum = 1;                    /* 定义用于显示行号的变量 lineNum */
    printf("Please input the file-name:");
    scanf("%s", fname);                 /* 输入要读取的文件名称 */
    if((fp=fopen(fname,"r")) == NULL)   /* 文件打开失败 */
    {
        printf("Can not open the %s file!\n ", fname);
        return;
    }
    /* 调用 fgets()函数读取文件数据并显示 */
    while(fgets(buffer,256,fp) != NULL)
    {
        printf("%3d:%s", lineNum, buffer);  /* 显示行号与一行数据 */
        if(lineNum%20 == 0)                 /* 显示超过 20 行时暂停 */
        {
            printf("continue");
            getchar();
        }
        lineNum++;                          /* 行号变量自增 */
```

```
    }
    fclose(fp);                                    /* 关闭文件 */
}
```

在运行程序前,需要准备一个有多行数据的文本文件,用于程序的显示。

程序的运行结果如图 10.6 所示。

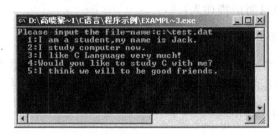

图 10.6 例 10.3 的运行结果

10.3.3 格式化读写函数

C 语言为按一定格式输入输出数据的操作提供了 fscanf()函数和 fprintf()函数。这两种函数与前面讲过的格式化输入函数 scanf()和格式化输出函数 printf()的作用与用法极为相似,它们也都是格式化地读写数据的函数,但是,它们的读写对象不是终端设备,而是磁盘文件。

1. 格式化输入函数 fscanf()

fscanf()函数实现从指定的文件中将一系列指定格式的数据读取出来的功能。

fscanf()函数的原型定义为:

```
int fscanf(FILE *fp, char *format[, argument1, argument2, ..., argumentm]);
```

fscanf()函数从文件指针 fp 指向的文件中,按照 format 规定的格式,将 m(m>=1)个数据读取出来,并分别放入到对应的 m 个变量 argumentk(1<=k<=m)中。

fscanf()函数的原型可简单描述为:

```
int fscanf(文件指针,格式字符串,输出列表);
```

例如下列代码从 fp 指向的文件中,将文件位置指针开始处的三个数据分别读入到字符串变量 name、整型变量 age 和实型变量 salary 内:

```
char name[8];
int age;
float salary;
fscanf(fp,"%s,%d,%f", name, &age, &salary);
```

2. 格式化输出函数 fprintf()

fprintf()函数实现将一系列格式化的数据写入指定的文件中去的功能。fprintf()函数的原

型定义为:

```
int fprintf(FILE *fp, char *format[, argument1, argument2, ..., argumentm]);
```

fprintf()函数将 m(m>=1)个变量 argument1、argument2、...、argumentm，按照 format 规定的格式，写入到文件指针 fp 指向的文件中。

fprintf()函数的原型可简单描述为:

```
int fprintf(文件指针, 格式字符串, 输出表列);
```

例如下列代码将一个人的信息——字符串变量 name 的值、整型变量 age 的值和实型变量 salary 的值，分别按%s、%d 和%8.2f 的格式输出到 fp 指向的文件中:

```
char name[] = "Jack";
int age = 26;
float salary = 3250.00;
fprintf(fp, " %s,%d,%8.2f", name, age, salary);
```

注意：① 用 fprintf()函数和 fscanf()函数对磁盘进行读写非常方便，但是，由于在输入时要将数据的 ASCII 值转换成二进制的形式，输出时又需要再将二进制形式转换成字符形式，这需要花费一定的时间。因此在内存与磁盘频繁交换数据的情况下，最好不用 fprintf()函数和 fscanf()函数，而改用 fread()函数和 fwrite()函数。
② 用 fscanf()函数从文件中进行格式化输入时，要保证格式字符串所控制的数据格式与文件中的数据类型保持一致，否则将会出现错误。

3. 应用实例

【例 10.4】从键盘上输入一个字符串和一个十进制整数，将它们写入到当前目录下的磁盘文件 test.dat 中，然后再从 test.dat 文件中读出并显示到屏幕上。代码如下：

```
#include <stdio.h>
main()
{
    char s[80];
    int a;
    FILE *fp;
    /* 调用 fprintf()函数将格式化数据写入文件 */
    if ((fp=fopen("test.dat", "w")) == NULL)    /* 以写方式打开文本文件 */
    {
        printf("Cannot open this file!\n");
        exit(1);
    }
    scanf("%s%d", s, &a);                /* 从标准输入设备(键盘)上读取两个数据 */
    fprintf(fp, "%s %d", s, a);          /* 以格式输出方式将数据写入文件 */
    fclose(fp);    /* 关闭文件 */
    /* 调用 fscanf 函数读取文件 */
    if ((fp=fopen("test", "r")) == NULL)    /* 以读方式打开文本文件 */
    {
```

```
        printf ("Cannot open file!\n");
        exit(1);
    }
    fscanf(fp, "%s%d", s, &a);      /* 以格式输入方式从文件中读取两个数据 */
    printf("%s %d\n", s, a);        /* 将数据显示到标准输出设备(屏幕)上 */
    fclose(fp);                     /* 关闭文件 */
}
```

10.3.4 数据块读写函数

在程序设计中，有时会将结构体数据或数组数据写入文件，并在合适的时机，再从文件中取出这些数据。这种情况下，如果再用前面介绍的三类函数来操作它们，则会割裂数据元素之间的关联。为了提高数据读写的效率，保持数据内容的完整性，C 语言提供了一组以数据块为存放单位的文件访问函数——fread()函数和 fwrite()函数，可以一次交换大批量的数据集合。

1. 读取文件中一组数据的函数 fread()

fread()函数实现从文件指针指定的文件中读取指定长度数据块的功能。
fread()函数的原型定义为：

```
int fread(char *buffer, int size, int count, FILE *fp);
```

其中参数 buffer 是指向为存放读入数据设置的缓冲区的指针，或者作为缓冲区的字符数组；参数 size 为读取的数据块中每个数据项的长度(单位为字节)；参数 count 为要读取的数据项的个数；fp 是文件型指针。如果执行 fread()函数时没有遇到文件结束符，则实际读取的数据长度应为 size×count(字节)。

fread()函数在执行成功后，会将实际读取到的数据项个数作为返回值；如果读取数据失败或一开始读就遇到了文件结束符，则返回一个 NULL 值。

2. 写入一组数据到文件的函数 fwrite()

fwrite()函数实现将一个字符串写入到指定的文件中的功能。
fputs()函数的原型定义为：

```
int fwrite(char *buffer, int size, int count, FILE *fp);
```

其中参数 buffer 是一个指针，它指向输出数据缓冲区的首地址；参数 size 为待写入文件的数据块中每个数据项的长度(单位为字节)；参数 count 为待写入文件的数据项的个数；fp 是文件型指针。

fwrite()函数具有整型的返回值，当向文件输出操作成功时，则返回写入的数据块的个数；如果输出失败，则返回 NULL。

> 注意：利用 fread()函数和 fwrite()函数读写二进制文件时非常方便，可以对任何类型的数据进行读写。当 fread()和 fwrite()调用成功时，函数都将返回 count 的值，即输入输出数据项的个数。

3. 应用实例

【例10.5】利用键盘输入4个学生的基本信息，然后将这些信息保存到当前目录下的磁盘文件 stu_info.dat 中。代码如下：

```c
#include "stdio.h"
#define SIZE 4
struct student_type       /*将学生基本信息的数据结构定义为一个结构体*/
{
    char name [10];
    int num;
    int age;
    char addr[15];
} stud[SIZE];             /*定义学生基本信息结构体对象数组存放4个学生的信息*/
/*函数 save 的功能为将学生的信息保存到磁盘文件*/
void save()
{
    FILE *fp;
    int i;
    if((fp=fopen("stu_info.dat","wb")) == NULL)     /*文件打开出错*/
    {
        printf("Cannot open file\n");
        return;
    }
    for(i=0; i<SIZE; i++)                           /*利用循环写入每个学生的信息*/
        if(fwrite(&stud[i],sizeof(struct student_type),1,fp) != 1)
            /*在输出的同时检查输出是否成功*/
            printf("file write error\n");           /*失败*/
    fclose(fp);                                     /*关闭文件*/
}
/*主函数，实现从键盘输入4个学生的信息数据*/
void main()
{
    int i;
    for(i=0; i<SIZE; i++)
        scanf("%s%d%d%s",
          &stud[i].name, &stud[i].num, &stud[i].age, &stud[i].addr);
    save();             /*调用函数 save()，将输入的数据保存到磁盘文件中*/
}
```

上述程序仅仅实现了数据写入文件的过程。下面编写程序，读取例10.5中程序生成的数据文件中的每位学生的信息记录，并显示到屏幕上。

【例10.6】读取当前目录下的磁盘文件 stu_info.dat 中的学生信息记录，并将它们显示到输出终端上来。代码如下：

```c
#include "stdio.h"
#define  SIZE  4
```

```
struct student_type
{
   char name[10];
   int num;
   int age;
   char  addr[15];
} stud[SIZE];
/*主函数，实现从文件中读取 4 个学生的信息数据并显示到屏幕上*/
void main()
{
   int i;
   FILE *fp;
   fp=fopen("stu_info.dat ", "rb");
   for(i=0; i<SIZE; i++)              /*利用循环读取每个学生的信息*/
   {
       fread(&stud[i], sizeof(struct student_type), 1, fp);
       printf("%-10s %4d %4d %-15s\n",
           stud[i].name, stud[i].num, stud[i].age, stud[i].addr); /*输出*/
   }
   fclose(fp);   /*关闭文件*/
}
```

运行后的结果如图 10.7 所示。

不难看出，输出的内容正是例 10.5 中写入文件的内容。

图 10.7 例 10.6 的运行结果

10.4 文件的随机读写

前面介绍了对文件的顺序读写操作，这些操作都是从文件的第一个有效数据(或某个位置)开始的，依照数据在文件存储设备中的先后次序进行读写，在读写过程中，文件位置指针自动移动。但在实际应用中，往往需要对文件中某个特定位置处的数据进行处理，换言之，就是读完一个字节的内容后，并不一定要读写其后续的字节数据，可能会强制性地将文件位置指针移动到用户所希望的特定位置，读取该位置上的数据，这就是随机读写文件。

C 语言提供了对文件的随机读写功能。在随机方式下，系统并不按数据在文件中的物理顺序进行读写，而是可以读取文件任何有效位置上的数据，也可以将数据写入到任意有效的位置。

C 语言通过提供文件定位函数来实现随机读写功能。

1. 获取文件位置指针当前值的函数 ftell()

ftell()函数的功能是获得并返回文件位置指针的当前值。ftell()函数的原型定义为：

```
long ftell(FILE *fp);
```

其中参数 fp 是文件型指针，指向当前操作的文件。

ftell()函数的返回值为文件位置指针的当前位置。如果 ftell()函数执行时出现错误，则返回长整型的-1(即-1L)。

2. 重置文件位置指针的函数 rewind()

rewind()函数的功能是使文件的位置指针移到文件的开头处。

rewind()函数的原型定义为：

```
void rewind(FILE *fp);
```

其中参数 fp 是文件型指针，指向当前操作的文件。

rewind()函数没有返回值，其作用在于——如果要对文件进行多次读写操作，可以在不关闭文件的情况下，将文件位置指针重新设置到文件开头，从而能够重新读写此文件。如果没有 rewind()函数，每次重新操作文件之前，需要将该文件关闭后再重新打开，这种方式不仅效率低下，而且操作也不方便。使用 rewind()函数便能克服这一缺陷。

【例 10.7】有一个文本文件 file1.dat，两次读写它的内容，第一次将它的内容显示在屏幕上，第二次将它的内容复制到另一个文件 file2.dat 上。

以下为实现该功能的程序代码：

```c
#include "stdio.h"
void main()
{
    FILE *fp1, *fp2;
    fp1 = fopen("file1.dat", "r");
    fp2 = fopen("file2.dat", "w");
    while(!feof(fp1))
        putchar(getc(fp1));
    rewind(fp1);
    while(!feof(fp1))
        putc(getc(fp1), fp2);
    fclose(fp1);
    fclose(fp2);
}
```

3. 移动文件位置指针的函数 fseek()

函数 fseek()可以实现改变文件位置指针到指定位置的操作。

fseek()函数的原型定义为：

```
int fseek(FILE *fp, long offset, int origin);
```

即：

```
int fseek(文件类型指针, 位移量, 起始点);
```

其中参数 fp 为打开的文件指针；参数 offset 为文件位置指针移动的位移量(单位为字节)；参数 origin 指示出文件位置指针移动的起始点(或称基点)位置。当执行 fseek()函数后，文件位置指针新的位置是以起始点为基准，向后(offset 为正值)或向前(offset 为负值)移动 offset 个字节。文件位置指针的新位置可以用公式 origin+offset 来计算得出。

二进制文件的基点 origin 可以取以下三个常量值之一。

- SEEK_SET(也可直接用数字 0 表示)：文件位置指针从文件的开始位置进行移动。
- SEEK_CUP(对应值为 1)：文件位置指针从文件的当前位置进行移动。
- SEEK_END(对应值为 2)：文件位置指针从文件的结束位置进行移动。

文本文件的基点 origin 只能取 SEEK_SET 常量值(或取 0 值)，而 origin 的值应为 0。

fseek()函数常用于二进制文件中，对于文本文件则不常使用，因为文本文件要进行字符的转换，这会为文件位置指针的计算带来混乱。fseek()函数调用后返回一个整型值。如果函数调用执行成功，返回 0 值；否则，返回一个非 0 值。

下面给出 fseek()函数调用的两个例子：

```
fseek(fp, 50L, 1);   /*将 fp 指向的文件的位置指针向后移动到离当前位置 50 个字节处*/
fseek(fp, -100L, 2); /*将 fp 指向的文件的位置指针从文件末尾处向前回退 100 个字节*/
```

4. 应用实例

【例 10.8】在当前目录下有一个二进制文件 information.dat，文件中存储有学生信息数据。编程实现按指定位置读取该文件中的数据，显示到屏幕上，并统计文件的总字节数目，也显示到屏幕上。

以下为实现该功能的程序代码：

```c
#include "stdio.h"
struct student {
    char name[20];
    int num;
};
/*主函数*/
main()
{
    int i = 0;
    long n = 0;
    FILE *fp = NULL;
    struct student a = {0};
    fp = fopen("information.dat", "rb");
    if(fp == NULL)
    {
        printf("Can't open!\n");
        exit(0);
    }
    printf("Record in file information.dat:\n");
```

```
        for(i=1; i<5; i+=2)
        {
            fseek(fp, i*sizeof(struct student), SEEK_SET);   /*定位文件位置指针*/
            n = ftell(fp);                                   /*获取文件位置指针当前值*/
            fread(&a, sizeof(struct student), 1, fp);        /*读取数据块*/
            printf("current:%ldth byte,%dth record:%s  %d\n",
                    n, i+1, a.name, a.num);
            fseek(fp, -3l*sizeof(struct student), 2);        /*重新定位文件位置指针*/
            n = ftell(fp);                                   /*重新读取数据块*/
            fread(&a, sizeof(struct student), 1, fp);
            printf("current:%ldth btype,record is:%s  %d\n", n, a.name, a.num);
            rewind(fp);                                      /*重置文件位置指针到文件开始*/
            n = ftell(fp);                                   /*获取文件位置指针当前值*/
            fread(&a, sizeof(struct student), 1, fp);
            printf(
               "current:%ldth btype,frist record :%s  %d\n", n, a.name, a.num);
            fseek(fp,
              -0l*sizeof(struct student), 2);   /*重新定位文件位置指针到文件尾部*/
            n = ftell(fp);                                   /*计算文件总字节数目*/
            printf("total bytes:%ld\n", n);                  /*显示文件总字节数目*/
            fclose(fp);
        }
        getch();
    }
```

10.5 文件检测

在对文件的访问过程中，经常会因各种原因，产生读写数据的错误。如同人们在做数学题时，要进行错误检查一样，程序中也应该为文件处理加上一些必要的错误检测手段，这样就能够在程序运行期间检测到一些错误，以便进行必要的错误处理，增强程序的健壮性。此外，有时还需要对文件的一些特殊的状态进行检测，以便决定如何进行相应的处理，从而增强程序的灵活性。

C 语言系统专门提供了一些用于检测文件特殊状态与读写错误的函数，下面简单地介绍一下这些函数的功能与用法。

1. 文件结束检测函数 feof()

调用格式为：

feof(文件指针);

它的功能是：判断文件位置指针当前是否处于文件结束位置。当处于文件结束位置时，返回 1 值，否则返回 0 值。

2. 读写文件出错检测函数 ferror()

调用格式为：

`ferror(文件指针);`

它的功能是：检查文件在使用输入输出函数(如 putc、getc、fread、fwrite 等)进行读写时，是否有错误发生。如果没有错误产生则返回 0 值，否则返回 1。

特别要注意的是：对于同一个文件，每次执行对文件的读写语句，然后马上调用函数 ferror 均能得到一个相应的返回值，由该值可以判断出上一次读写数据是否正常。因此在调用一个输入输出函数后，应当立即对 ferror 的返回值进行检查，否则在下次读写数据时，函数 ferror 的值会丢失。

在执行 fopen 函数时，ferror 函数的初始值将被自动置为 0。

我们经常用下面的这种方式来调用 ferror 函数：

```
if (ferror(fp)) {
    printf("Operation of File is Error!\n");
    fclose(fp);
    exit(0);
}
```

3. 将文件出错标志和文件结束标志置 0 的函数 clearerr()

调用格式为：

`clearerr(文件指针);`

它的功能是：用于清除出错标志和文件结束标志，将这些标志置为 0。

clearerr 函数的作用是使文件错误的标志和文件结束标志置为 0。假设在调用一个输入输出函数时出现了错误，ferror 函数会返回一个非零值，此时如果调用 clearerr(fp)函数，ferror(fp)的值将会被自动置 0。

只要出现错误标志，ferror(fp)函数的状态将会一直保留不变，这种状态会一直保持到对同一文件调用 clearerr 函数，或者使用 rewind 函数，或者调用其他任意输入输出函数。

10.6 程序综合举例

下面讲述一个综合性的应用实例。

(1) 在 C 盘根目录下有一名为 source.dat 的顺序文本文件，其中存放着 60 个整数数据。顺序读出 source.dat 文件中的 60 个整数数据，将它们平均分为三组(每组有 20 个整数)。假设分出的三个数据组按先后次序分别称为 A 组、B 组与 C 组，试编程实现对 A、B、C 三个数据组进行以下处理的功能。

- A 组与 C 组位置对换，但每个组的数据对换后保持原有排列顺序不变。
- 对 B 组数据的排列顺序进行逆/反转，但组在文件中的整体位置保持不变。
- 将处理后的三组数据写入到另一个名为"destination.dat"的顺序文本文件中，并存储到 C 盘根目录下。
下面用一个假定的实例进一步说明题意。
假定读出的 source.dat 文件中的 60 个整数数据，如下所示：

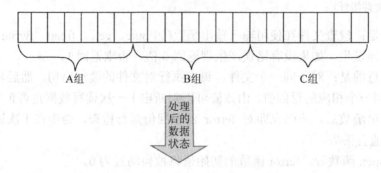

处理完成后要写入 destination.dat 文件的数据如下所示：

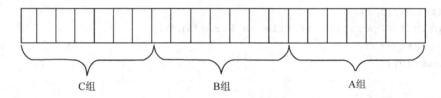

解题分析：
① 读取文件 source.dat 中的数据到内存中已设定好的数据结构中(此处采用数组)。
② 编写算法，完成 A 组与 C 组数据的位置对换功能。
③ 编写算法，完成 B 组数据的逆转运算功能。
④ 至此为止，已在内存中完成 A 组与 C 组位置的对换功能与 B 组数据的逆转功能，还需将处理后的内存数据结果存入 destination.dat 文件中。
⑤ 将 source.dat 与 destination.dat 文件关闭。
下面给出已经调试通过的参考程序代码(程序文件名为 application_1.c)，读者可以依照解题的思路对程序加以分析。

```
#include <stdio.h>
/*函数process()完成A组与C组数据的位置对换与对B组数据的逆转*/
void process(int a[])
{
    int temp, element, i;
    int aid=0, cid=40, bsid=20, beid=39;
    for (i=0; i<20; i++)
    {
        temp = a[aid];
        a[aid++] = a[cid];
        a[cid++] = temp;
    }
    for (i=0; i<10; i++)
```

```
    {
        temp = a[bsid];
        a[bsid++] = a[beid];
        a[beid--] = temp;
    }
}
/* 主程序功能：通过调用函数，完成读取文件 source.dat 到数组 X 中， */
/* 然后对 X 进行处理，将处理后的结果存入文件 destination.dat 中 */
void main()
{
    FILE *sf, *df;
    int x[60], i;
    if ((sf=fopen("c:\\source.dat","r")) == NULL)
    {
        printf("File open fail!\n");
        exit(0);
    }
    for (i=0; i<60; i++) fscanf(sf, "%d", (x+i));
    process(x);
    fclose(sf);

    if ((df=fopen("c:\\destination.dat","w")) == NULL)
    {
        printf("File open fail!\n");
        exit(0);
    }
    for (i=0; i<60; i++)
        fprintf(df,"%d\n", x[i]);
    fclose(df);
}
```

(2) 为比较源文件 source.dat 与目标文件 destination.dat 的内容，以便检测这两个文件是否符合前面的操作要求，需要编写另一个程序，用来对照显示两个数据文件的内容。

下面给出已经调试通过的参考程序(程序文件名为 application_2.c)：

```
#include <stdio.h>
/* getData()函数读取文件 fname 的数据并存入 data 数组中 */
void getData(char fname[], int data[])
{
    FILE *fp;
    int k;
    if ((fp=fopen(fname,"r")) == NULL)
    {
        printf("File open fail!\n");
        exit(0);
    }
    for (k=0; k<60; k++)
        fscanf(fp, "%d", (data+k));
```

```
            fclose(fp);
}
/* dispData 函数将 data 数组中的元素以每行 10 个的形式显示出来 */
void dispData(int data[])
{
    int k;
    for (k=0; k<60; k++)
    {
        if (k%10 == 0) printf("\n");
        printf("%-6d|", data[k]);
    }
}
/* 主程序完成读文件 source.dat、destination.dat 并显示数据的功能 */
void main()
{
    int sdata[60];
    int ddata[60];
    getData("c:\\source.dat", sdata);
    getData("c:\\destination.dat", ddata);
    printf("\nThe data of Source file:\n");
    dispData(sdata);
    printf("\n\nThe data of Distination file:");
    dispData(ddata);
    getch();
}
```

第二个程序 application_2.c 运行后的效果如图 10.8 所示。

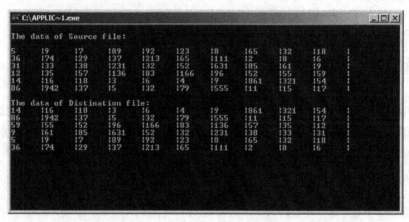

图 10.8 文件 source.dat 与 destination.dat 的数据对照

10.7 上机实训

1. 实训目的

(1) 掌握文件和文件指针的概念以及文件的定义方法。

(2) 了解文件打开和关闭的概念以及方法。
(3) 掌握有关文件的函数。

2．实训内容

实训 1 从键盘输入一行字符串，然后将其以文件的形式存到磁盘上。文件名为 file.dat。

实训 2 从磁盘文件 file1.dat 读出一行字符，将其中所有小写字母改为大写字母，然后输入到磁盘文件 file2.dat 中。

实训 3 对上面已经存在的两个文件，编程从这两个文件中读出各行字符，逐个比较这两个文件中相应的行和列上的字符，如果遇到互不相同的字符，输出它是第几行第几列的字符。

实训 4 利用所学的文件知识试编程序，统计一篇文章中的大写字母的个数。

3．实训报告

(1) 提交源程序文件、目标文件和可执行文件。
(2) 提交书面实训报告：报告包括原题、流程图、源程序清单及实验收获(如上机调试过程中遇到什么问题及其解决方法)和总结等。

习　　题

一、填空题

(1) 在 C 程序中，文件存储的两种方式是_____、_____。
(2) C 语言中文件的格式化输入输出函数对是_____；文件的数据块输入输出函数对是_____；文件的字符串输入输出函数对是_____。
(3) 假设 a 数组的说明为 int[10];，则 fwrite(&a, 2, 10, fp)的功能是_____。
(4) 使用 fopen("abc", "w+")打开文件时，若文件已经存在，则_____。
(5) 下面一段程序的运行结果是_____。

```
#include "stdio.h"
main()
{
    FILE *fp;
    if((fp=fopen("temp","w") == NULL)
    {
        printf("不能建立 temp 文件\n");
        exit(0);
    }
    for(i=0; i<=10; i++)
        fprintf(fp, "%3d", i);
    for(i=0; i<10; i++)
    {
```

```
            fseek(fp, i*3L, SEEK_SET);
            fscanf(fp, %d, &n);
            printf("%3d", n);
        }
        fclose(fp);
    }
```

二、选择题

(1) fscanf 函数的正确调用形式是_____。
   A. fscanf(fp, 格式字符串, 输出列表)
   B. fscanf(格式字符串, 输出列表, fp)
   C. fscanf(格式字符串, 文件指针, 输出列表)
   D. fscanf(文件指针, 格式字符串, 输入列表)

(2) 函数调用语句 fseek(fp,-20L,2);的含义是_____。
   A. 将文件位置指针移到距离文件头 20 个字节处
   B. 将文件位置指针从当前位置向后移动 20 个字节
   C. 将文件位置指针从文件末尾处后退 20 个字节
   D. 将文件位置指针移到离当前位置 20 个字节处

(3) 利用 fseek 函数可实现的操作_____。
   A. fseek(文件类型指针, 起始点, 位移量)
   B. fseek(fp, 位移量, 起始点)
   C. fseek(位移量, 起始点, fp)
   D. fseek(起始点, 位移量, 文件类型指针)

(4) 若要用 fopen 函数打开一个新的二进制文件，该文件要既能读也能写，则文件方式字符串应是_____。
   A. "ab+"   B. "wb+"   C. "rb+"   D. "ab"

(5) 当已经存在一个 abc.txt 文件时，执行函数 fopen("abc.txt","r+")的功能是_____。
   A. 打开 abc.txt 文件，清除原有内容
   B. 打开 abc.txt 文件，只能写入新的内容
   C. 打开 abc.txt 文件，只能读取原有内容
   D. 打开 abc.txt 文件，可以读取或写入新的内容

(6) 使用 fseek()函数可以实现的操作是_____。
   A. 改变文件的位置指针的位置   B. 文件的顺序读写
   C. 文件的随机读写   D. 以上都不对

(7) fread(buf, 64, 2, fp)的功能是_____。
   A. 从 fp 文件流中读出整数 64，并存放在 buf 中
   B. 从 fp 文件流中读出整数 64 和 2，并存放在 buf 中

C. 从 fp 文件流中读出 64 字节的字符，并存放在 buf 中

D. 从 fp 文件流中读出两个 64 字节的字符，并存放在 buf 中

(8) 已知函数的调用形式为 fread(buffer, size, count, fp);，其中 buffer 代表的是_____。

A. 一个整型的变量，代表读入数据项的总数

B. 一个文件指针，指向要读的文件

C. 一个指针，指向要读入数据的存放地址

D. 一个储存区，存放要读的数据项

(9) C 语言标准函数库中 fgets(string, m, fp) 的作用是_____。

A. 从 fp 所指的文件中读取长度不超过 m 的字符串，存入指针 string 所指向的内存

B. 从 fp 所指的文件中读取长度为 m 的字符串，存入指针 string 所指向的内存

C. 从 fp 所指的文件中读取 m 个字符串，存入指针 string 所指向的内存

D. 从 fp 所指的文件中读取长度不超过 m-1 的字符串，存入指针 string 所指向的内存

(10) 以下程序的功能是_____。

```
#include "stdio.h"
main()
{
    FILE *fp;
    char str[] = "HELLO";
    fp = fopen("PRN", "w");
    fputs(str, fp);
    fclose(fp);
}
```

A. 在屏幕上显示"HELLO"

B. 把"HELLO"存入 PRN 文件中

C. 在打印机上打印出"HELLO"

D. 以上说法都不对

三、简答题

(1) C 语言中的文件操作有些什么特点？什么是缓冲文件系统？什么是非缓冲文件系统？这两者的缓冲区有什么区别？

(2) 什么是文件型指针？通过文件指针访问文件有什么好处？

(3) 文件的打开与关闭的含义是什么？为什么要打开和关闭文件？

(4) 试描述二进制文件与文本文件的操作区别。

四、编程题

(1) 编写一个程序，比较两个文件，并输出两个文件首次出现不同内容的所在行。

(2) 编写一个程序，由键盘输入一个文件名，然后把从键盘输入的字符依次存放到该文件中，用"!"作为结束标志。
(3) 编写一个程序，查找指定文本文件中某个单词出现的行号及该行内容。
(4) 编写一个程序，将指定文本文件中所有的指定单词均替换成另一个单词。
(5) 编写一个程序，把两个文件合并成一个文件。

附录 A ASCII 代码表

$b_3b_2b_1b_0$ \ 字符 \ $b_6b_5b_4$	000	001	010	011	100	101	110	111
0000	NUL	DEL	SP	0	@	P	`	p
0001	SOH	DC1	!	1	A	Q	a	q
0010	STX	DC2	"	2	B	R	b	r
0011	ETX	DC3	#	3	C	S	c	s
0100	EOT	DC4	$	4	D	T	d	t
0101	ENQ	NAK	%	5	E	U	e	u
0110	ACK	SYN	&	6	F	V	f	v
0111	BEL	STB	'	7	G	W	g	w
1000	BS	CAN	(	8	H	X	h	x
1001	HT	EM	)	9	I	Y	i	y
1010	LF	SUB	*	:	J	Z	j	z
1011	VT	ESC	+	;	K	[	k	{
1100	FF	FS	,	<	L	\	l	|
1101	CR	GS	-	=	M	]	m	}
1110	SO	RS	.	>	N	^	n	~
1111	SI	US	/	?	O	_	o	DEL

ASCII 字符表说明：

NUL	空	SOH	标题开始	STX	正文开始
ETX	正文结束	EOT	传输结束	ENQ	询问字符
ACK	承认	BEL	报警	BS	退一格
HT	横向列表	LF	换行	VT	垂直制表
FF	走纸控制	CR	回车	SO	移位输出
SI	移位输入	SP	空格	DEL	数据链换码
DC1	设备控制 1	DC2	设备控制 2	DC3	设备控制 3
DC4	设备控制 4	NAK	否定	SYN	空转同步
ETB	信息组传送结束			CAN	作废
EM	纸尽	SUB	置换	ESC	换码
FS	文字分隔符	GS	组分隔符	RS	记录分隔符
US	单元分隔符	DEL	删除		

附录 B 常用库函数

1. 数学函数

使用数学函数时，应该在该源文件中使用#include <math.h>包含语句。

函数名	函数类型和形参类型	功能	返回值
acos	double acos(x) double x;	计算 $\cos^{-1}(x)$ 的值 x 应在-1 到 1 范围内	计算结果
asin	double asin(x) double x;	计算 $\sin^{-1}(x)$ 的值 x 应在-1 到 1 范围内	计算结果
atan	double atan(x) double x;	计算 $\tan^{-1}(x)$ 的值	计算结果
atan2	double atan2(x, y) double x,y;	计算 $\tan^{-1}(x/y)$ 的值	计算结果
cos	double cos(x) double x;	计算 cos(x)值 x 单位为弧度	计算结果
cosh	double cosh(x) double x;	计算 x 的双曲余弦 cosh(x)值	计算结果
exp	double exp(x) double x;	求 e^x 的值	计算结果
fabs	double fabs(x) double x;	求 x 的绝对值	计算结果
floor	double floor(x) double x;	求出不大于 x 的最大整数	该整数的双精度实数
fmod	double fmod(x) double x;	求整数 x/y 的余数	返回余数的双精度数
frexp	double frexp(val, eptr) double val; int *eptr;	把双精度数 val 分解为数字部分(尾数)x 和以 2 为底的指数 n，即 val= x*2^n n 存放在 eptr 指向的变量中	返回数字部分 x $0.5 \leq x \leq 1$
log10	double log10(x) double x;	求 $\log_{10}x$	计算结果
modf	double modf(val, iptr) double val; int *iptr;	把双精度数 val 分解为整数部分和小数部分，把整数部分存储到 iptr 指向的单元	val 的小数部分

续表

函数名	函数类型和形参类型	功　能	返　回　值
pow	double pow(x, y) double(x, y);	计算 x^y 的值	计算结果
sin	double sin(x) double x;	计算 sin x 的值 x 单位为弧度	计算结果
sinh	double sinh(x) double x;	计算 x 的双曲正弦函数值 sinh(x) 的值	计算结果
sqrt	double sq(x) double x;	计算 x 的平方根值 $x \geq 0$	计算结果
tan	double sqrt(x) double x;	计算 tan x 的值 x 单位为弧度	计算结果
tanh	double sin(x) double x;	计算 x 的双曲正切函数 tanh(x) 的值	计算结果

2. 字符函数和字符串函数

使用字符函数时，应该在该源程序文件中使用#include <ctype.h>包含语句。而使用字符串函数时，应该在该源程序文件中使用#include <string.h>包含语句。

函数名	函数类型和形参类型	功　能	返　回　值	包含文件
isalnum	int isalnum(ch) int ch;	检查 ch 是不是字母(alpha)或数字(numeric)	是字母或数字返回 1；否则返回 0	ctype.h
isalpha	int isalpha(ch) int ch;	检查 ch 是否为字母	是，返回 1 不是，返回 0	ctype.h
isdigit	int isdigit(ch) int ch;	检查 ch 是否数字('0' ~ '9')	是，返回 1 不是，返回 0	ctype.h
isgraph	int isgraph(ch) int ch;	检查 ch 是否控制字符(其 ASCII 码在 0X21 到 0X1F 之间或 0X7E 之间)，不含空格	是，返回 1 不是，返回 0	ctype.h
islower	int islower(ch) int ch;	检查 ch 是否为小写字母(a~z)	是，返回 1 不是，返回 0	ctype.h
isprint	int isprint(ch) int ch;	检查 ch 是否可打印字符(包括空格)，其 ASCII 码在 0X20 到 0X7E 之间	是，返回 1 不是，返回 0	ctype.h
ispunct	int ispunct(ch) int ch;	检查 ch 是否为标点字符，即除字母、数字和空格外的所有可打印字符	是，返回 1 不是，返回 0	ctype.h

续表

函数名	函数类型和形参类型	功　能	返 回 值	包含文件
isspace	int isspace(ch) int ch;	检查 ch 是否为空格、跳格符(制表符)或换行符(其 ASCII 码在 0x09～0x0d 之间或 0x20)	是，返回 1 不是，返回 0	ctype.h
isupper	int isupper(ch) int ch;	检查 ch 是否为大写字母('A'～'Z')	是，返回 1 不是，返回 0	ctype.h
isxdigit	int isxdigit(ch) int ch;	检查 ch 是否一个 16 进制数学字符('0'～'9'，或'A'～'F'，或'a'～'f')	是，返回 1 不是，返回 0	ctype.h
strcat	char* strcat(str1, str2) char *str1, *str2;	把字符串 str2 连接到 str1 后面，str1 最后面的'\0'被删除	返回 str1	string.h
strchr	char* strchr(str1, ch) char *str1; int ch;	找出 str 中指向的字符串中第一次出现字符 ch 的位置	返回该位置的指针，若找不到返回 NULL	string.h
strcmp	char strcmp(str1, str2) char *str1, *str2;	比较两个字符串 str1 与 str2 大小	str1<str2 返回负数 str1=str2 返回 0 str1>str2 返回正数	string.h
strcpy	char *strcpy(str1, str2) char *str1, *str2;	把 str2 指向的字符串复制到 str1 中去	返回 str1	string.h
strlen	unsigned int strlen(str) char *str;	统计字符串 str 中字符的个数(不包括终止符'\0')	返回字符个数	string.h
strstr	char* strstr(str1, str2) char *str1, *str2;	找出 str2 字符串在 str1 字符串中第一次出现的位置(不包括 str2 的串结束符)	返回该位置的指针。如找不到，返回空指针	string.h
tolower	char* tolower(ch) int ch;	将 ch 字符转换为小写字母	返回 ch 所代表字符的小写字母	ctype.h
toupper	int toupper(ch) int ch;	将 ch 字符转换成大写字母	返回 ch 所代表字符的大写字母	ctype.h

3. 输入输出函数

使用输入输出函数时，应该在该源文件中使用#include <stdio.h>包含语句。

函数名	函数类型和形参类型	功　能	返 回 值
clearerr	void clearerr(fp) FILE *fp;	清除 fp 指向的文件的错误标志，同时清除文件结束指示器	无
close	int close(fp) int fp;	关闭文件	关闭成功返回 0 不成功返回-1
creat	int creat(filename, mode) char *filename; int mode;	以 mode 所指定的方式建立文件，文件名为 filename 指定	成功返回正数 否则返回-1

续表

函数名	函数类型和形参类型	功 能	返 回 值
eof	int eof(fd) int fd;	检查文件是否结束	遇文件结束，返回1 否则返回0
fclose	int fclose(fp) FILE *fp;	关闭fp所指的文件，释放文件缓冲区	有错则返回非0 否则返回0
feof	int feof(fp) FILE *fp;	检查文件是否结束	遇文件结束符返回非0,否则返回0
fgetc	int fgetc(fp) FILE *fp;	从fp所指定的文件中取得下一个字符	返回所得到的字符，若读入出错，返回EOF
fgets	char *fgets(buf, n, fp) char *buf; int n; FILE *fp;	从fp指向的文件读取一个长度为(n-1)的字符串，存入起始地址 buf的空间	返回地址buf,若遇文件结束或出错，返回NULL
fope	FILE* fopen(filename, mode) char *filename, *mode;	以 mode 指定的方式打开名为 filename 的文件	成功，返回该文件信息区的起始地址，否则返回0
fprintf	int fprintf(fp, format, args, ...) FILE *fp; char *format;	把args的值以format指定的格式输出到fp所指定的文件中	实际输出的字符数
fputc	int fputc(ch, fp) char ch; FILE *fp;	将字符ch输出到fp指向的文件中	成功返回该字符；否则返回EOF
fputs	int fputs(str, fp) char *str; FILE *fp;	将str指定的字符串输出到fp所指定的文件中	成功返回0,若出错返回非0值
fread	int fread(pt, size, n, fp) void *pt; unsigned size; unsigned n; FILE *fp;	从fp所指定的文件中读取长度为size的n个数据项，存到pt所指向的内存区	返回所读的数据个数，若遇文件结束或出错，返回0
fscanf	int fscanf(fp, format, args, ...) FILE *fp; char *format;	将fp指定的文件中按format给定的格式将输入数据项送到args所指向的内存单元	已输入的数据个数
fseek	int fseek(fp, offset, base) FILE *fp; long offset; int base;	将fp所指向的文件的位置指针移到以base所指向的位置为基准，以offset为位移量的位置	返回当前位置，否则返回-1
ftell	long ftell(fp) FILE *fp;	返回fp所指向的文件中的读写位置	返回fp指向的文件中的读写位置
fwrite	int fwrite(ptr, size, n, fp) void *ptr; unsigned size; unsigned n; FILE *fp;	把ptr所指向的n*size个字节输出到fp所指向的文件中	写到文件中的数据项个数
getc	int getc(fp) FILE *fp;	从fp所指向的文件中读入一个字符	返回所读的字符，若文件结束或出错，返回EOF

续表

函数名	函数类型和形参类型	功 能	返 回 值
getchar	int getchar()	从标准输入设备读取下一个字符	所读字符，若文件结束或出错返回-1
getw	int getw(fp) FILE *fp;	从所指的文件中读取下一个字(整数)	输入的整数，若文件结束或出错返回-1
printf	int printf(format, args, ...) char *format;	在用 format 指定的字符串的控制下，将输出列表 args 的值输出到标准输出设备	输出的字符个数。若出错，返回负数
putc	int putc(ch, fp) int ch; FILE *fp;	把一个字符 ch 输出到 fp 所指定的文件中	输出的字符 ch。若出错返回 EOF
putchar	int putchar(ch) char ch;	把字符 ch 输出到标准输出设备	输出的字符 ch。若出错返回 EOF
puts	int puts(str) char *str;	把 str 指向的字符串输出到标准输出设备，将'\0'转换为回车换行	返回换行符，若失败返回 EOF
putw	int putw(w, fp) int w; FILE *fp;	将一个整数 w(即一个字)写到 fp 指向的文件中	返回输出的整数。若出错，返回 EOF
read	int read(fd, buf, count) int fd; void *buf; unsigned count;	从文件号 fd 所指示的文件中读count 个字节到由 buf 指示的缓冲区中	返回真正读入的字节数。如遇文件结束返回 0，出错返回-1
rename	int rename(oldname, newname) char *oldname; char *newname;	把 oldname 所指的文件改为由 newname 所指的文件名	成功返回 0，出错返回-1
rewind	void rewind(fp) FILE *fp;	将 fp 指示的文件中的位置指针置于文件开头位置，并清除文件结束标志和错误	无
scanf	int scanf(format, args, ...) char *format;	从标准输入设备按 format 指定的格式输入字符串。输入数据给 args 所指向的单元(args 为指针)	读入并给 args 的数据个数。遇文件结束返回 EOF。出错返回 0
write	int write(fd, buf, count) int fd; void *buf; unsigned count;	从 buf 指示的缓冲区输出 count 个字节到 fd 所标志的文件中	返回实际输出的字节数。出错返回-1

4．动态存储分配函数

ANSI 标准中规定动态存储分配系统所需的头文件是 stdlib.h。不过目前很多 C 编译器都把这些信息放在 malloc.h 头文件中。

函数名	函数类型和形参类型	功　能	返　回　值
calloc	void* calloc(n, size) unsigned n; unsigned size	为数组分配内存空间，大小为 n*size	返回一个指向已分配的内存单元的起始地址。如不成功，返回 NULL
free	void free(p) void *p	释放 p 所指的内存空间	无
malloc	void* malloc(p, size) void *p; unsigned size;	分配 size 字节的存储区	返回所分配内存的起始地址。若内存不够，返回 NULL
realloc	void* realloc(p, size) void *p; unsigned size	将 p 所指出的已分配内存区的大小改为 size，size 可以比原来分配的空间大或小	返回指向该内存的指针

5. 时间函数

当需要使用系统的时间和日期函数时，需要头文件 time.h。其中定义了三个类型：类型 clock_t 和 timc_t 用来表示系统的时间和日期，结构体类型 tm 把日期和时间分解成为它的成员。tm 结构体的定义如下：

```
struct tm
{
    int tm_sec;      /* 秒，0~59 */
    int tm_min;      /* 分，0~59 */
    int tm_hour;     /* 小时，0~23 */
    int tm_mday;     /* 每月天数，1~31 */
    int tm_mon;      /* 从一月开始的月数，0~11 */
    int tm_year;     /* 自1900 的年数 */
    int tm_wday;     /* 自星期日的天数，0~6 */
    int tm_yday;     /* 自1 月1 日起的天数，0~365 */
    int tm_isds      /* 夏季时间标志 */
}
```

函数名	函数类型和形参类型	功　能	返　回　值
asctime	char* asctime(p) struct tm *p;	将日期和时间转换成 ASCII 字符串	返回一个指向字符串的指针
clock	clock_t clock()	确定程序运行到现在所花费的大概时间	返回程序开始到该函数被调用所花费的时间，若失败，返回-1
difftime	double difftime(time2, time1) time_t time2, time1;	计算 time1 与 time2 之间所差的秒数	返回两个时间的双精度差值
ctime	char* ctime(time) long *time;	把日期和时间转换成字符串	返回指向该字符串的指针

续表

函数名	函数类型和形参类型	功 能	返回值
gmtime	struct tm* gmtime(time) time_t *time;	得到一个以 tm 结构体表示的分解时间，该时间按格林威治标准计算	返回指向结构体 tm 的指针
time	time_t time(time) time_t time;	返回系统当前的日历时间	返回系统当前的日历时间。若系统无时间返回-1

6. 进程函数

函数所需头文件为 stdlib.h 和 process.h。

函数名	函数类型和形参类型	功 能	返回值
abort	void abort()	此函数通过调用具有出口代码 3 的 _exit，写一个终止信息至 stderr，并异常终止程序	无返回值

int exec...装入和运行其他程序：exec 函数族装入并运行程序 pathname，并将参数 arg0(arg1, arg2, argv[]，envp[])传递给子程序，出错时返回-1。

在 exec 函数族中，后缀 l、v、p、e 添加到 exec 后，所指定的函数将具有某种操作能力。

　　后缀为 p 时，函数可以利用 DOS 的 PATH 变量查找子程序文件。

　　后缀为 l 时，函数中被传递的参数个数固定。

　　后缀为 v 时，函数中被传递的参数个数不固定。

　　后缀为 e 时，函数传递指定参数 envp，允许改变子进程的环境。

　　无后缀 e 时，子进程使用当前程序的环境。

函数名	函数类型和形参类型	功 能	返回值
execl	int execl(char *pathname, char *arg0, char *arg1, ..., char *argn, NULL)		
execle	int execle(char *pathname, char *arg0, char *arg, ..., char *argn, NULL, char *envP[])		
execlp	int execlp(chnr *pathname, char *arg0, char *arg1, ..., NULL)		
execlpe	int execlpe(char *pathname, char *arg0, char *argl, ..., NULL, char *envp[])		
execv	inl execv(char *pathname, char *argv[])		
execve	inl execve(char *pathname, char *argV[], char *envp[])		
execvp	int execvp(char *pathname, char *argv[])		
execvpe	int execvpe(char *pathname, char *argv[], char *envp[])		
_exit	void _exit(status) int status	终止当前程序，但不清理现场	无返回值
exit	void exit(status) int status	终止当前程序，关闭所有文件，写缓冲区的输出(等待输出)，并调用寄存器的"出口函数"	

int spawn...运行子程序：

spawn 函数族在 mode 模式下运行子程序 pathname，并将参数 arg0(argl, arg2, argv[], envp[])传递给子程序，出错时返回-1。

续表

函 数 名	函数类型和形参类型	功 能	返 回 值

mode 为运行模式：
    p_WAIT   表示在子程序运行完后返回本程序。
    P_NOWAIT   表示在子程序运行时同时运行本程序(不可用)。
    P_OVERLAY   表示在本程序退出后运行子程序。

在 spawn 函数族中，后缀 l、v、p、e 添加到 spawn 后，所指定的函数将具有某种操作能力。

有后缀 p 时，函数利用 DOS 的 PATH 查找子程序文件。

    后缀为 l 时，函数传递的参数个数固定。

    后缀为 v 时，函数传递的参数个数不固定。

    后缀为 e 时，指定参数 envp 可以传递给子程序，允许改变子程序运行环境。

    无后缀 e 时，子程序使用本程序的环境。

函 数 名	函数类型和形参类型	功 能	返 回 值
spawnl	int spawnl(int mode, char *pathname, char *arg0, char *argl, ..., char *argn, NULL)		
spawnle	int spawnle(int mode, char *pathname, char *arg0, char *arg1, ..., char *argn, NULL, char *envp[])		
spawnlp	int spawnlp(int mode, char *pathname, char *arg0, char *argl, ...,char *argn, NULL)		
spawnlpe	int spawnlpe(int mode, char *pathname, char *arg0, char *argl, ..., char *argn, NULL, char *envpl)		
spawnv	int spawnv(int mode, char *pathname, char *argv[])		
svawnve	imt spawnve(int mode, char *pathname, char *argv[], char *envp[])		
spawnvp	int spawnvp(int mode, char *pathname, char *argv[])		
spawnvpe	int spawnvpe(int mode, char *pathname, char *argv[], char *envp[])		
system	int system(command) char *command;	将命令 command 传递给操作系统执行	命令成功执行时返回 0，否则返回-1

7. 数据转换

本类函数所需的头文件为 stdlib.h 和 math.h。

函 数 名	函数类型和形参类型	功 能	返 回 值
ecvt	char* ecvt(double value, int ndigit, int *decpt, int *sign)	将浮点数 value 转换成字符串	返回该字符串
fcvt	char* fcvt(double value, int ndigit, int *decpt, int *sign)	将浮点数 value 转换成字符串	返回该字符串
gcvt	char* gcvt(double value, int ndigit, char *buf)	将浮点数 value 转换成字符串并存于 buf 中	返回 buf 的指针
ultoa	char* ultoa(unsigned long value, char *string, int radix)	将无符号整型数 value 转换成字符串，radix 为转换时所用的基数	字符串
ltoa	char* ltopa(long value, char *string, int radix)	将长整型数 value 转换成字符串，radix 为转换时所用的基数	字符串
itoa	char* itoa(int value, char *string, intradix)	将整数 value 转换成字符串存入 string，radix 为转换时所用的基数	字符串

续表

函 数 名	函数类型和形参类型	功　　能	返　回　值
atof	double atof(char *nptr)	将字符串 nptr 转换成双精度数	返回这个数，错误返回 0
atoi	int atoi(char *nptr)	将字符串 nptr 转换成整型数	返回这个数，错误返回 0
atol	int atol(char *nptr)	将字符串 nptr 转换成长整型数	返回这个数，错误返回 0
strtod	doublestrtod(char *str, char **endptr)	将字符串 str 转换成双精度数	返回该数
strtol	doublestrtol(char *str, char **endptr, int base)	将字符串 str 转换成长整型数	返回该数
toascii	int toascii(c) int c;		返回 c 相应的 ASCII 值
tolower	int tolower(ch) int ch;	若 ch 是大写字母('A' ~ 'Z')返回相应的小写字母('a' ~ 'z')	
_tolower	int _tolower(ch) int ch;	返回 ch 相应的小写字母('a' ~ 'z')	
toupper	int toupper(ch) int ch;	若 ch 是小写字母('a' ~ 'z')返回相应的大写字母('A' ~ 'Z')	
_toupper	int _toupper(int ch)	返回 ch 相应的大写字母('A' ~ 'Z')	

8. 目录函数

本类函数需要头文件 dir.h 和 dos.h。

函 数 名	函数类型和形参类型	功　　能	返　回　值
chdir	int chdir(path) char *path;	使指定的目录 path(如 "C:\\WPS")变成当前的工作目录	成功返回 0

findfirst	int findfirst(char *pathname, struct ffblk *ffblk, int attrib)
	Ffblk 的定义如下：
	struct ffblk
	{
	char ff_reserved[21];　　/* DOS 保留字 */
	char ff_attrib;　　　　　/* 文件属性 */
	int ff_ftime：　　　　　/* 文件时间 */
	int ff_fdate;　　　　　　/* 文件日期 */
	long ff_fsize;　　　　　/* 文件长度 */
	char ff_name[13];　　　/* 文件名 */
	};
		查找指定的文件。pathname 为指定的目录名和文件名。ffblk 为指定的保存文件信息的一个结构	成功返回 0

续表

函 数 名	函数类型和形参类型	功 能	返 回 值
findfirst	attrib 为文件属性，由以下字符代表 FA_RDONLY 只读文件　　　FA_LABEL 卷标号 FA_HIDDEN 隐藏文件　　　FA_DIREC 目录 FA_SYSTEM 系统文件　　　FA_ARCH 档案 例如： struct ffblk ff; findfirst("*.wps", &ff, FA_RDONLY)		
findnext	int findnext(struct ffblk *ffblk)	取匹配 findfirst 的文件	成功返回 0
fumerge	void fumerge(char *path, char *drive, char *dir, char *name, char*ext)	此函数通过盘符 drive (C:, A:等)，路径 dir(\TC, \BC, \LIB 等)，文件名 name (TC, WPS 等)，扩展名 ext(.EXE, .COM 等)组成一个文件名存于 path 中	
fnsplit	int fnsplit (char *path, char *drive, char *dir, char *name, char *ext)	此函数将文件名 path 分解成盘符 drive(C:, A:等)，路径 dir(\TC, \BC, \LIB 等)，文件名 name(TC, WPS 等)，扩展名 ext(.EXE, .COM 等)，并分别存入相应的变量中	
getcurdir	int getcurdir(int drive, char *direc)	此函数返回指定驱动器的当前工作目录名称。 drive 指定驱动器(0=当前，1=A，2=B，3=C 等)。direc 保存指定驱动器当前工作路径的变量	成功返回 0

参 考 文 献

[1] 谭浩强. C 语言程序设计[M]. 北京：清华大学出版社，2000.
[2] 高福成. C 语言程序设计[M]. 北京：清华大学出版社，2009.
[3] 姜丹. C 语言程序设计基础与实训教程[M]. 北京：清华大学出版社，2006.
[4] 熊壮. C 语言程序设计[M]. 北京：中国铁道出版社，2011.
[5] 蒋道霞. C 语言程序设计[M]. 北京：清华大学出版社，2011.